U0160565

作者简介

余恒，北京师范大学天文系副教授，博士生导师，中国天文学会天文学名词审定委员会副主任。曾先后在意大利国际理论物理中心、的里雅斯特天文台、都灵大学访学。在国内外学术期刊上发表论文数十篇，参与编写《十万个为什么（天文卷）》（第六版），译作《DK宇宙大百科》荣获第八届吴大猷科学普及著作奖佳作奖，并入选科技部2016年全国优秀科普作品；译作《宇宙图志》入选科技部2017年全国优秀科普作品。

和尚猫，一个致力于以可视化故事形式向青少年展现中国历史、艺术和科技的创作团队，由历史学硕士、艺术硕士、设计师及各学科专家顾问组成。成员曾策划出版的《万物运转的秘密》荣获第十届文津图书奖，至今已销售60余万册；策划出版的《儿童版世界简史》入选全民阅读好书榜；参与编辑李约瑟《中国古代科学》等多部图书。

顾问简介

卞毓麟，1965年南京大学天文学系毕业，先后任职于中国科学院北京天文台（现国家天文台）和上海科技教育出版社。中国科普作家协会前副理事长，上海市天文学会前副理事长。著译图书30余种，发表科普类文章700余篇，作品屡获国家级和省部级奖项。曾获国家科学技术进步奖二等奖、全国先进科普工作者、全国优秀科技工作者等多项奖励和表彰。

李松，笔名李凇，北京大学博雅特聘教授，艺术学院教授，博士生导师。主要著作有《中国道教美术史》《论汉代艺术中的西王母图像》《长安艺术与宗教文明》《神圣图像》等，曾获首届“中国美术奖-理论批评奖”“北京大学第十二届人文社会科学研究优秀成果奖一等奖”，三次获得北京大学“教学优秀奖”。

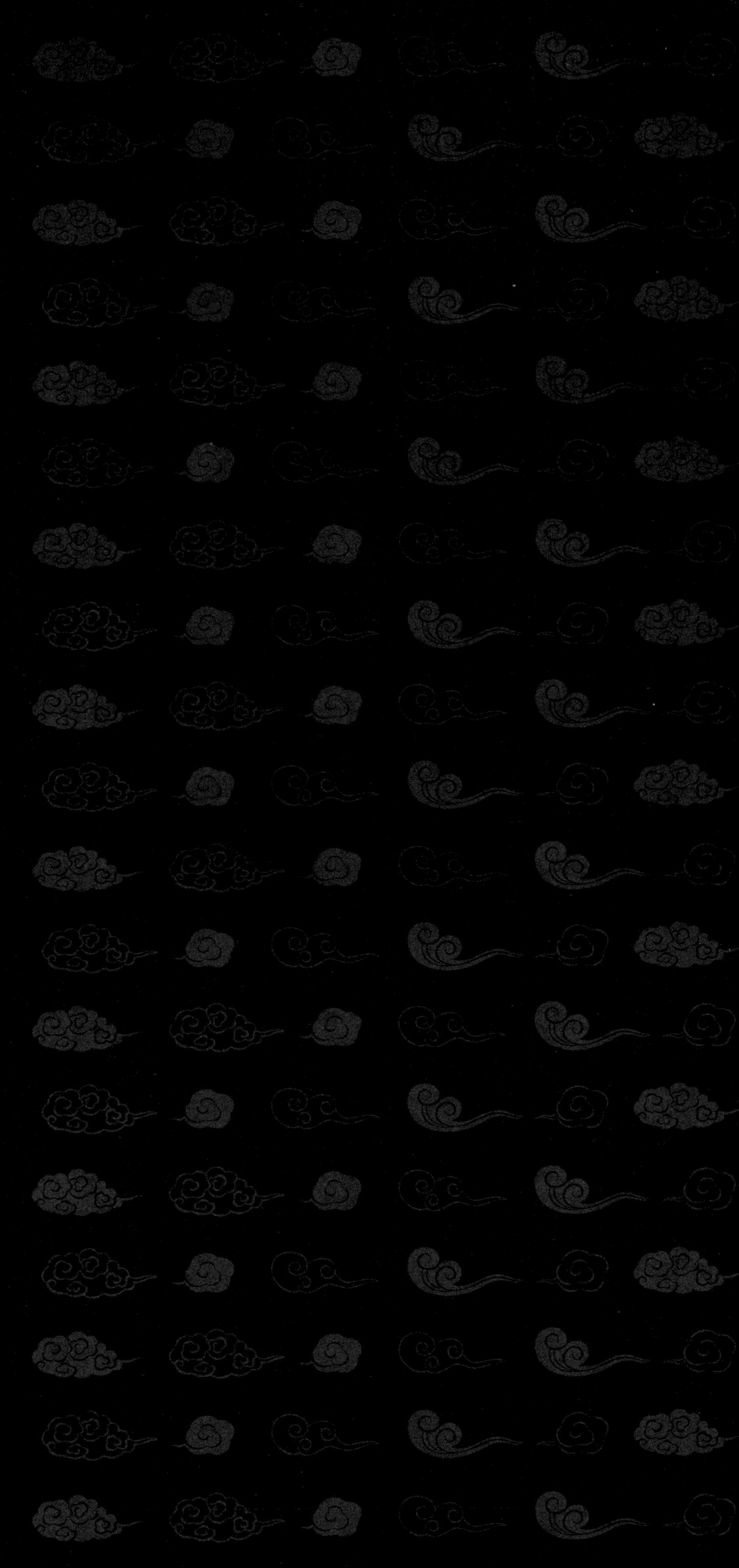

画中有星空

中国古画中的天文世界

余恒 和尚猫 著 / 卞毓麟 李松 顾问

人民邮电出版社
北京

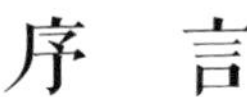

序 言

科学和艺术，都是人类文明这棵参天大树上的绚烂硕果。当然，这棵树上还有许多别样的果实，例如哲学、军事，乃至体育运动……

在历史的长河中，随着人类掌握的知识越来越丰富、越来越深刻，知识的门类也划分得越来越精细了。渐渐地，人们产生了一种错觉，以为在这棵文明之树上，不同枝杈上的果子彼此是互不相干的，故而不免有人会想：天文学家研究遥远的星球，同画家创作一幅人物肖像能有什么共通之处呢？

其实，从源头上说，参天大树的枝叶无论如何繁茂，终归是从一个根上滋养成长起来的。须知，在很久远的古代，人类已经感受到大自然的和谐与美，已经依稀领悟到万事万物——包括人类自身——的演变应有规可循，并以种种不同的方式再现自己对于世界的认识。科学、艺术、哲学……无一例外，都是这样孕育、诞生、成长的。

诺贝尔物理学奖得主李政道教授在他主编的《科学与艺术》一书中开宗明义地说：“艺术和科学的共同基础是人类的创造力，它们追求的目标都是真理的普遍性。”他还说：“科学和艺术的关系是同智慧和情感的二元性密切相关的。对艺术的美学鉴赏和对科学观念的理解都需要智慧，随后的感受升华与情感又是分不开的。没有情感的因素和促进，我们的智慧能够开创新的道路吗？而没有智慧的情感能够达到完美的境界吗？所以，科学和艺术是不可分的，两者都在寻求真理的普遍性。”

2020 年国庆将至时，我的天文同道余恒君忽寄来《画中有星空》书稿一叠，要我提点意见。我浏览之后，觉得蛮有意思的。此后我们多次沟通，他表示：“编写这本书，只是一种尝试，希望能做出新鲜感。倘蒙不弃，可否为之作序？”

对我来说，这也是一件新鲜事。全书通读两遍，足可肯定这确是一次有思想、有勇气的尝试。书中共含 15 个单元，每单元介绍中国古画一件，并讲述与此相关的文化历史背景，阐释与之相关的天文知识和科学内容。这些古画的时代，从西汉长沙马王堆汉墓出土的 T 形帛画到清代的图册《升平乐事图》，前后跨越约两千年；品种包含帛画、壁画、画像石、绢本画、纸本画，乃至挂毯等，都是有格调、富情趣的精品。余恒君的解读，科学上深入浅出，文字言简意赅、简约流畅，有道是“干货满满，没有‘水分’”。

诚然，这只是一本小书，但是其路子走得正，便颇显大气。我觉得，它可以作为广大社会公众的趣味通俗读物，人人皆可从中享受到阅读的愉悦。

余恒君先前以翻译引进国外科学文化类佳作见长，如今他又尝试写了我们眼前的这本书。既然是尝试，自然就有进一步优化的余地。因此，盼望读者诸君随时不吝提出建设性的意见，以利日后修订，使之更趋完善，有惠于更多的读者。

是为序。

卞毓麟

2021 年 8 月 10 日

前 言

星空看上去很遥远，但日月星辰每日东升西落，从未缺席；天文听起来很神秘，但它一直在影响着我们日常生活的方方面面。从饮食起居、耕种渔猎，到建造出行、祭祀年节，我们都能找到源自天文方面的传统与习俗。所以，仰望星空并不是一件多么困难且无用的事。

事实上，在我国古人的生活中，天文是作为常识性的知识存在的。古人习惯于利用太阳的高度来估计时间，根据月亮的形状来确定日期，还会通过星座来判断方位和季节变换，甚至还要依据天上的异常现象预测世间的人事变迁……现代科技创造出的各种便利工具让我们远离了这些原始但直观的手段，不过我们仍然可以通过古代的艺术作品，看到古人眼中的星空，重拾我们的文化传统，收获一份跨越时空的感动。

本书收集了 15 幅精美的中国古代美术作品，并讲述了它们的故事。该书的独到之处在于引入了现代天文学知识来诠释古画中的天文元素。这些故事和知识能够帮助读者更好地理解这些作品的时代背景和文化内涵。我们发现，古人对待这些天文细节也是非常认真且写实的。只有当我们注意到这些细节，并品味出其中的意蕴时，我们才算没有辜负创作者的用心，没有低估这些历经沧桑流传至今的文化瑰宝。

本书的内容是这样设计的。选取的美术作品按创作时间从古至今排序，每幅作品的讲解分为图像中的故事、名画记和天文志三个部分。其中故事是对作品内容的导览和说明，使读者形成对画面本身的直观印象；名画记是从历史和艺术的角度出发，介绍作品的创作背景和艺术价值；天文志则是着眼于画面中的天文元素，从现代天文学的角度出发，为这些古画赋予全新的历史和科学含义。

这本书的创作过程对于我来说就像是一场冒险，因为这是一项完全在我计划之外的工作。在我翻译完《宇宙图志》一书之后，有一天策划人赵静找到我，建议我结合中国的古画讲讲我国的传统天文知识，我觉得值得一试。在傅鸿雁、于水等人的积极推动下，在人民邮电出版社的支持下，这个想法终于变成了这本书。因为涉及的学科跨度很大，包括了天文、艺术、历史等诸多领域，本书中仍然存在很多不足。如果它能够给你带来一些启发和乐趣，我们的付出就没有白费。当然，如果你对本书有更多的想法和建议，也欢迎与我们联系。我们相信，这些承载着我们的历史与文化的古老作品，值得被记忆与传承。

余 恒

2021 年 8 月 26 日

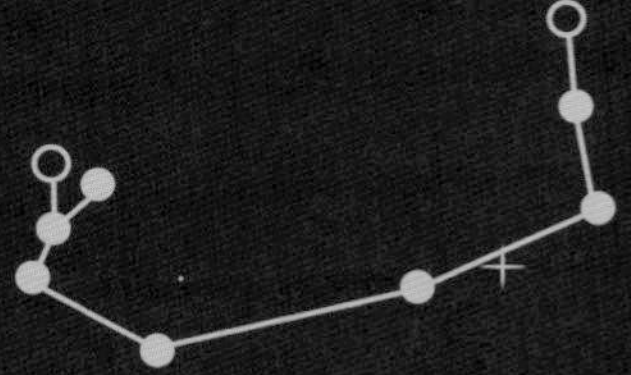

目录

升往天界

这是大地下面的水府。水神禺（yú）疆跨立在海底大鱼鲸鲵（ní）之上，托举着大地。毫无疑问，他看上去强悍极了，咧嘴大笑，无比轻松。水府神兽赤蛇口吐信子，在旁边看着他。

两只鲸鲵驮起禺疆，稳稳当当地浮在水中，同样强悍！只见它们交缠在一起，任由水府的象征——羊角怪兽在尾尖挥爪扭臀，回头张望。

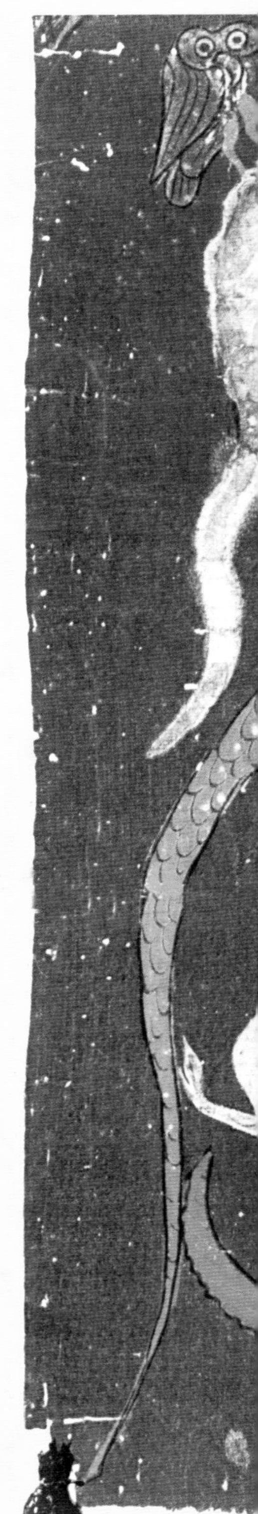

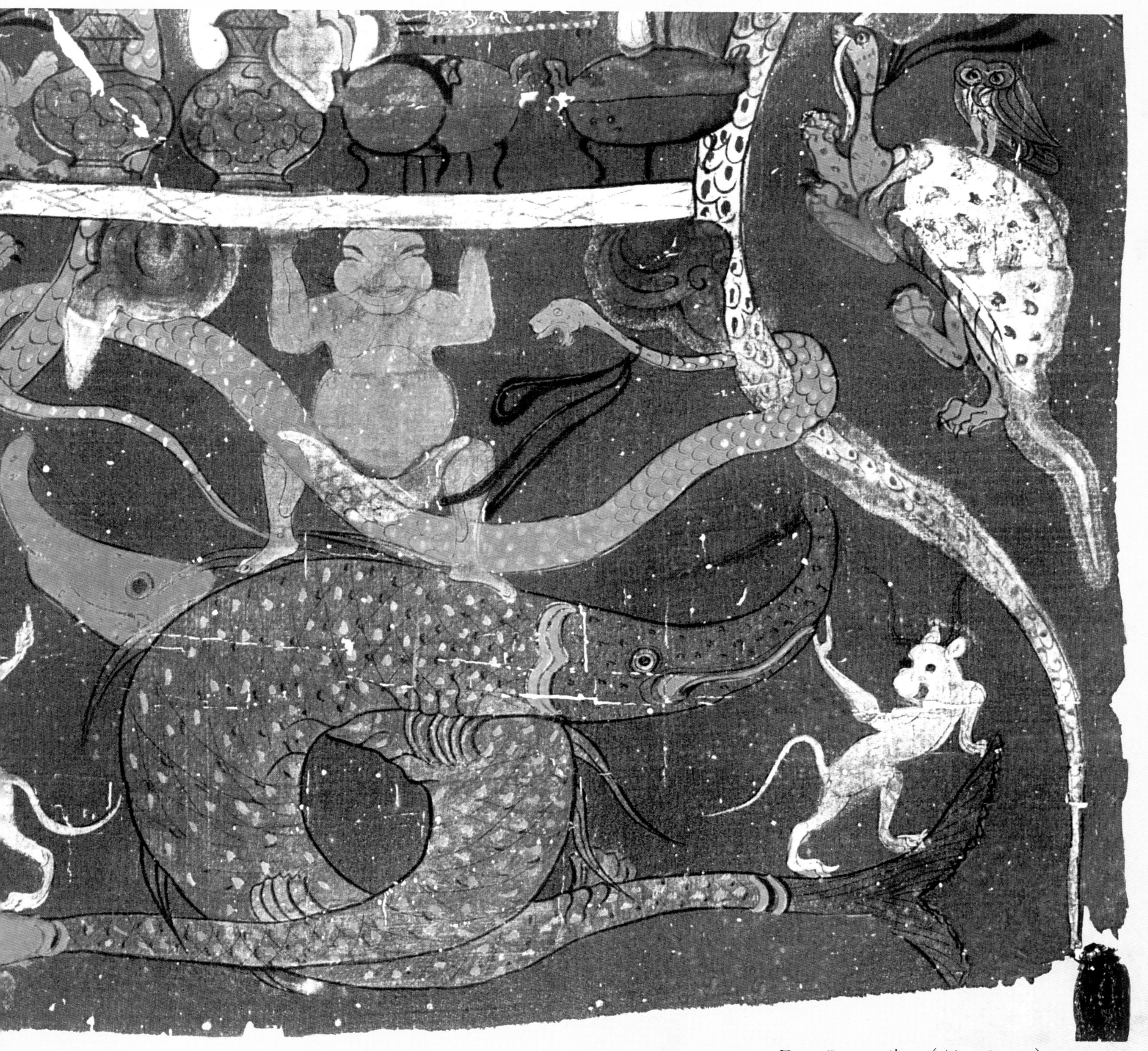

西汉马王堆T形帛画（地下部分）

西汉马王堆T形帛画（人间部分）

大地上面是人间，一场盛大的祭祀仪式正在举行。五彩羽帷帐之下，祭祀乐器特磬（qìng）摆荡，悲鸣阵阵。辛追夫人逝去了，她的遗体被放置在矮床上， 上面覆盖着美丽的丝织品。

主持祭祀仪式的是一名男子。还有六名男子相对而坐，凝视矮床中央，拱手默哀祈祷，祈祷夫人的魂魄归来。矮床四周摆满了壶、鼎、漆耳杯，盛放着美酒佳肴，引诱夫人的魂魄归来食用。传说逝去的人，魂魄也游走了。只有招回魂魄，让它们完整结合在一起，灵魂才有机会获得永生。

所有努力得到了回应，辛追夫人的魂魄真的归来了！巨龟背驮鸱鸮（chī xiāo），从水府赶来献上仙草，那是灵魂不死之药。春神句（gōu）芒飞到帷帐之上，许下灵魂永生的承诺。

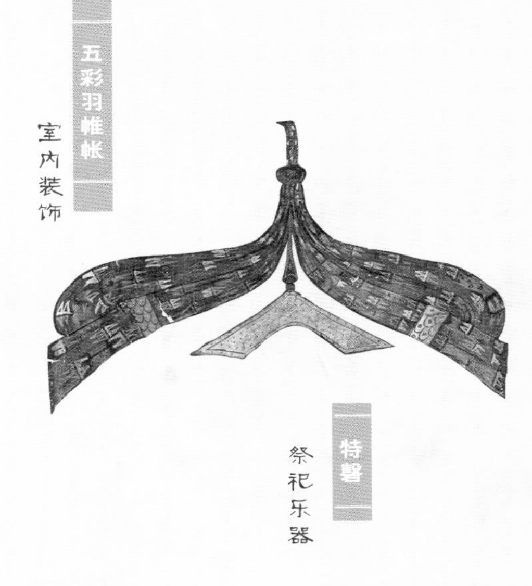

双龙腾跃出水府，穿过人间在玉璧相交，引导灵魂永生之人升往天界。

彩云翻卷，神兽花豹守护着升天踏板。一名高贵的夫人站在踏板上面，手拄拐杖，身着锦衣华服，那正是灵魂已得到永生的辛追夫人。她身后三名侍女拱手目送，前方两名男子跪地迎接，那是天帝派来的天界使者。辛追夫人步履缓缓，一步步向上升，两只神鸟正在天盖等候，迎接灵魂的神兽——飞廉也前来相迎！

西汉马王堆T形帛画（天上部分）

越过天盖，天界就在眼前！天门森严，上面伏有守护神豹。帝阍（hūn）身着青衣、头戴爵弁（biàn），打开天门相迎。两只怪兽拉绳振钟，奏响升天之音。

爵弁
古代礼冠

帝阍
天门守护神

只见飞龙腾舞，其中一条和扶桑树盘绕，树枝间栖息着九个太阳。瞧，它们大小不一，其中一个里面竟然有只赤乌。另一条飞龙展翅，上面有一女子，双手轻触月牙，哦，原来她是托月女神。蟾蜍和玉兔住在月中，此刻蟾蜍口衔仙草，月亮因此能够死而复生，永续圆缺轮回。

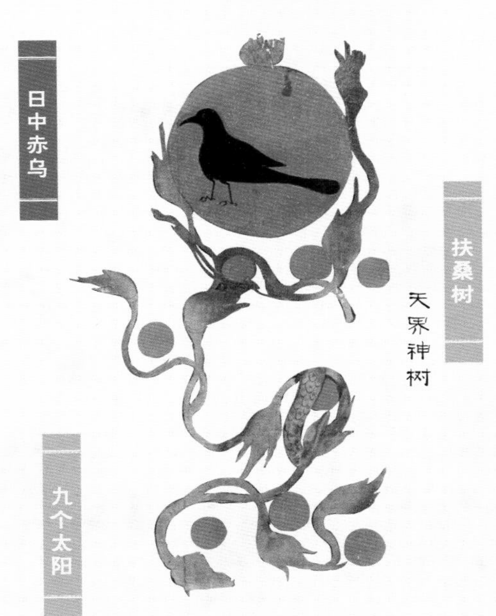

北斗七星化身为仙鹤，环绕在天帝周围。天帝高踞中央，人首蛇身，垂发乌黑，披着蓝袍，等待辛追夫人的到来。

天上

西汉马王堆T形帛画 湖南省博物馆藏

名画记 超越生命

我国古人认为，生命由魂魄和肉体两部分组成，魂魄可以独立存在，合在一起成为灵魂。人死后，肉体安葬在地下，魂魄会离开肉体，各自游荡。只有招回完整魂魄，即合魂魄，灵魂才有机会获得永生，升往天界。这幅帛画描绘的，就是灵魂得到永生的辛追夫人升往天界的情景。

从上到下，画面分为三个部分：天上、人间和地下。地下是水府，肉体最终的归处。人间以玉璧为界，分为上下两层：下层是祭祀场景，目的是为辛追夫人合魂魄；上层是灵魂升往天界。天上是辽阔天界，灵魂永生的归处，有日

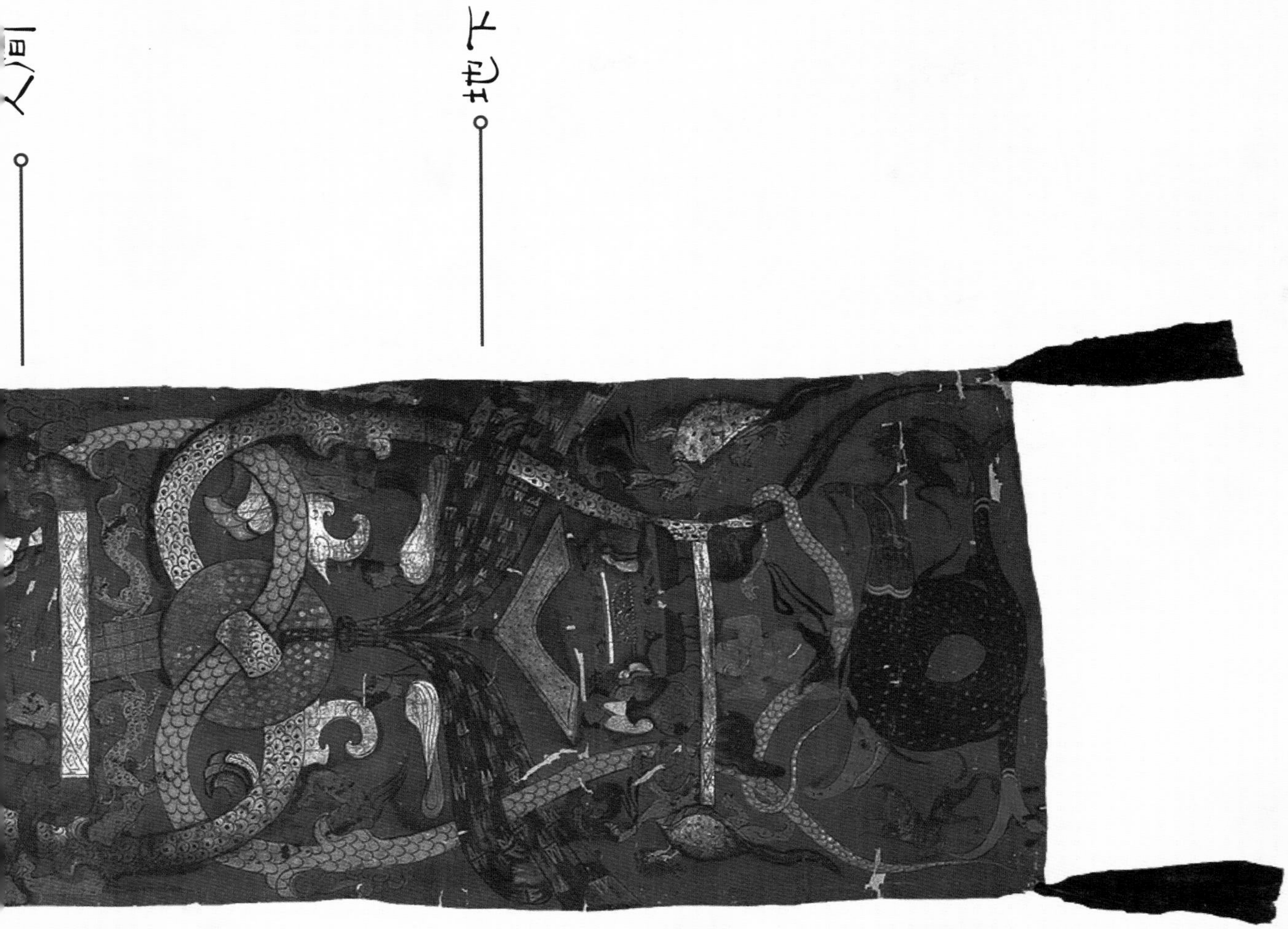

人间

地下

月星辰，也有神怪异兽。

辛追夫人是利苍的妻子。利苍是西汉文景时期长沙国丞相，因功封为轪（dài）侯，食邑（yì）七百户，财富殷实。作为辛追夫人的随葬品，这幅帛画生动地展现了古人对死亡及其生命的认识。毫无疑问，当时古人无法科学地理解死亡。为了安慰死亡带来的痛苦、恐惧，他们编织了一个奇妙的多层世界：一个生命在人间死亡后，灵魂可以离开肉体，在天界永远生活下去，成为超越生命的存在。

幻日 · 日光的折射现象

天文志 宇宙的模样

我国古人对宇宙的早期认识来自肉眼观察和丰富的想象。帛画将宇宙分为天上、人间、地下三部分，天上的主角是被称为三辰的日月星。

高居画面上方、天界中央的人物是具有人首蛇身的创世神形象，日月位列其左右，周围有七只仙鹤环绕，可能代表北斗七星。要知道，汉代的北天极（地球自转轴在北天指向的位置）附近没有亮星，日月星辰都围绕着北斗七星的斗魁所对的一处虚空运转。传说中的天帝就是在那里掌管着宇宙的运行。

画中上方一侧红色的太阳中站着一只标志性的乌鸦。我国古人很早就注意到太阳中有时会出现巨大的黑子，那是太阳表面温度较低的地方。黑子会随着太阳的自转而运动，也许古人认为那是太阳上飞鸟的身影。而住在神树扶桑上的众多太阳也许是古人对幻日的理解，幻日是日光经大气中的冰晶折射所产生的太阳虚像。

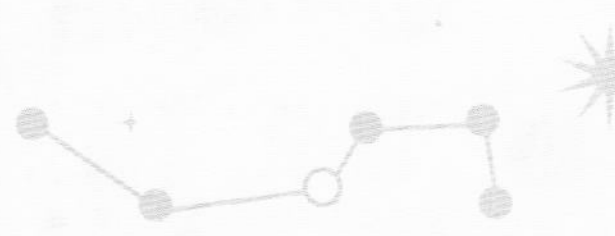

太阳黑子

日面的低温区

当黑子足够大时，在清晨、黄昏等观测条件合适的时候，太阳黑子是肉眼可见的。有学者认为，甲骨文中日字中心的一点（或一横）也可能表示黑子。

我国古人将其解释为飞鸟的身影，后来这个形象被神话为赤乌，成为太阳的象征。有意思的是，在希腊神话中，太阳神阿波罗的宠物也是乌鸦。

月海

月面被熔岩填充的洼地

画中上方另一侧的月面中有蟾蜍和玉兔，它们的形象直接来自于古人对月面阴影的想象。如果我们将月面深色区域的轮廓稍加勾勒，就会发现它们和帛画上的蟾兔组合十分相近。这些深色区域被早期的天文观测者认为是月亮上的海洋，而被称为月海。实际上，它们是在月亮形成初期被熔岩填充的洼地，因此显得幽暗平整。

西汉壁画

二十八宿星图段卫摹本 张明惠摄影 原件藏于西安交通大学

辰宿列张

请抬头仰望这片天空，可见祥云缭绕，仙鹤飞翔。空中有两个大圆，一个套着另一个。

在内圆中，日月并排高悬。太阳在南方，中有赤乌；月亮在北方，中有蟾蜍和玉兔。

太阳

月亮

两个大圆之间，环绕着四象二十八宿。东方苍龙，北方玄武，西方白虎，南方朱雀，这四只神兽就是大名鼎鼎的四象。

月亮在群星间运转，二十八天走完一圈，周而复始。当夜幕降临时，它到哪里休息呢？四象准备了二十八个地方，也就是二十八宿，月亮一天住在一个地方。

第一个七天，月亮运行在东方苍龙七宿：角、亢、氐（dī）、房、心、尾、箕。从龙角到龙尾是前六宿，其中角宿排在第一个，心宿又大又红。苍龙身后是箕宿，可见一人手持簸箕颠扬。

第二个七天，月亮运行在北方玄武七宿：斗、牛、女、虚、危、室、壁。一人手握南斗六星的斗杓，那是斗宿；牛郎牵牛是牛宿；接下来是女宿，织女身穿襦（rú）服，拱手跪坐。虚宿两星和危宿三星相围，中有螣（téng）蛇，原来起初的玄武是这般模样！室宿、壁宿组成四边形宫室，壁宿是宫室的墙壁。

第三个七天，月亮运行在西方白虎七宿：奎、娄、胃、昴（mǎo）、毕、觜（zī）、参（shēn）。奎宿是一个五边形，娄宿似乎是三星围绕着一只野猪，胃宿一般是刺猬形象，昴宿是兔子形象。一人手持工具追捕猎物，那是毕宿。觜宿是一只猫头鹰，白虎待在参宿。

第四个七天，月亮运行在南方朱雀七宿：井、鬼、柳、星、张、翼、轸（zhěn）。呈四方形的是井宿。后面二人舆（yú）鬼，舆为车厢或轿厢，鬼被人抬起，这就是鬼宿。朱雀展翅翱翔，柳、星、张、翼四宿环绕它的周围。最后是轸宿，位于朱雀和苍龙之间。

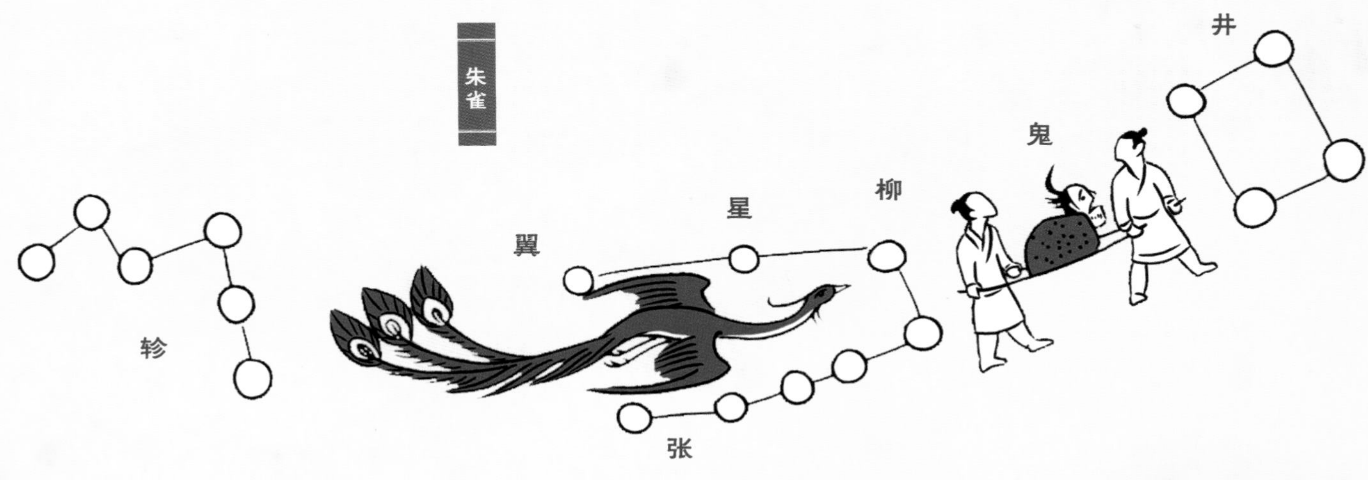

二十八天结束以后，月亮会重新回到角宿，下一个月开始了。

原来这片天空隐藏着这么多的秘密！如果仔细观察，还有更多的惊喜呢：

一只赤乌，一只绿凤凰，好像还有托月女神呢！最多的要数仙鹤了，究竟有多少只呢？瞧，两圆中心的那只仙鹤，颜色竟然如此特别！

西汉壁画二十八宿星图 徐刚摹本

名画记 西汉天文壁画

1987 年 4 月，西安交通大学附属小学建造教学楼时，发现了一座西汉晚期的墓室，研究人员推测，它的主人为御史大夫、太子太傅萧望。这座墓室的主墓室中绘满壁画，是难得的汉代艺术精品。当时的创作者好像并未画草稿，而是在墙壁表面涂上一层白粉，再涂上一层赭（zhě）色，然后直接用颜料绘制而成。画中的人物、动物、几何纹等姿态万千，艺术手法高超。

其中，主墓室顶部有一个内径约 2.2 米，外径约 2.7 米的环带。环带外绘有日月、祥云和振翅高飞的仙鹤；环带内绘有代表二十八宿的星点 80 余颗，星点之间有线相连。它为研究中国古代天文史提供了重要的实物资料，现在原地保存于西安交通大学。第 16 页的插画是段卫先生的临摹作品，尽量保留了原壁画出土以后的样子。因为距今两千多年了，这幅壁画已经出现了一些破损。本页则是徐刚先生的临摹作品，根据相关资料补全了娄、胃、昴三宿及其他脱落的地方。第 18~19 页的插画，也是来自徐刚先生的临摹作品。

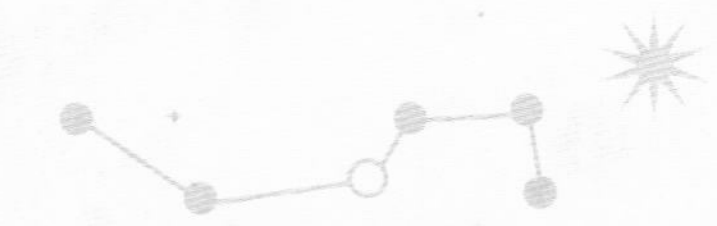

四象二十八宿位置图

天文志 二十八宿

月球在恒星背景上的运行周期约为 28 天，每夜宿留一处。因此，我国古代天文学家把月球运行轨道附近的恒星分成二十八组，称为二十八宿（古印度称之为月站）。二十八宿不仅勾勒出了月球运行的轨迹，同时也充当了中国古代星空的座标系统。二十八宿的历史非常久远，早在四象定形之前的战国时期就已完整出现，其中很多名称的起源都难以考证。西安交通大学墓室壁画难得保留了一批二十八宿的早期形象，这让我们有机会领略那些久远的意象。

我国古人用苍龙、朱雀、白虎、玄武四个形象来代表东南西北四个方向。其实，这四象都来自于天象，每个代表七宿。不过在这座汉墓的修建时期，四象中的玄武仍未定形，只是一条螣蛇，后来才逐渐演化成龟蛇合体的形象；其他三个形象也还没有上升到独占一方的地位，其中最显眼的是东方苍龙，这条巨龙占据了大圆近 1/6 的跨度；画中的二十八宿的星点不完全写实，不过仍保留了部分星点特征与名称对应。这使它成为研究二十八宿形象演变的重要线索。

新朝壁画 星象图（局部） 陕西省考古研究院藏

牛女相望

天河皎皎，向西流淌，星光熠熠，云朵荡漾。

牛宿 二十八宿之一

牛宿三星连成一条直线，中间亮星是河鼓二，大名鼎鼎的牛郎星。此时，牛郎星化身为一位俊朗青年。

女宿 二十八宿之一

女宿三星组成一个三角形，上面亮星是织女一，赫赫有名的织女星。此时，织女星化身为一位窈窕淑女。

牛郎束发戴冠，外穿右衽（rèn）宽袖长袍，蓄着八字须、山羊胡。他跪坐拱手遥望，根本无心理会身后的耕牛。那眯起的双眼盛满脉脉深情。

织女头梳高髻，浓发垂于两鬓；外穿右衽粉襦（rú）裙，上面有几抹红色点缀。她侧坐在机杼（zhù）前，纤纤素手无心拿起云梭劳作。那紧闭的朱唇藏尽千言万语。

两人隔着天河相望，默默无言，相恋却不能相守。

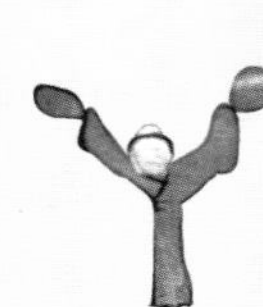

风伯摇起扇子，雷公、电母也前来助威，一时间，风起云涌，电闪雷鸣。

众神是前来阻隔牛郎织女相恋？还是为他们感到悲伤，赶来打抱不平呢？

名画记 从天上到人间的爱情故事

约 3000 多年前，华夏农耕文明兴起，牛成为重要的生产力。大地上男耕女织的现实生活，与对天上的星空观测相结合，再经过我们古人丰富的想象，早在先秦时期就已经形成了牛郎织女的神话传说。《诗经》上面写道：

“维天有汉，监亦有光。跂（qí）彼织女，终日七襄。虽则七襄，不成报章。睆（huàn）彼牵牛，不以服箱。”

这是关于牛郎织女的最早文字记载，它的大意是说：织女终日织布，也不能织出美丽的布匹；牛郎牵的牛，也不能拉动车厢。此时，牛郎织女只是天上两颗亮星的化身，并没有什么感情线。

而到了汉代，两人竟然成为相爱而不能在一起的恋人。这幅壁画正是王莽新朝时期的作品，于 2009 年在陕西省靖边县渠树壕汉墓出土，是一幅巨型天文图的局部。画中的牛郎织女看起来相互喜欢，无奈只能隔着银河（古人叫作天河、河汉）遥遥相望。汉代诗歌《迢迢牵牛星》也描绘了类似的情景，只是更加悲切：

“迢迢牵牛星，皎皎河汉女。纤纤擢（zhuó）素手，札札弄机杼（zhù）。终日不成章，泣涕零如雨；河汉清且浅，相去复几许！盈盈一水间，脉脉不得语。”

最迟在魏晋时期，这个神话传说又增添了七夕相会、以鹊桥渡天河的情节，也就基本定型了。至于牛郎织女结为夫妻、牛郎担起一双儿女上天追寻妻子，则是后来文人与民间不断演绎的结果。

牛郎织女与牛宿女宿

汉代（公元前100年）牛女宿星图

在夏季的星空中，有三颗亮星（图中橙色）在头顶组成一个巨大的三角形图案。其中两颗星分别位于银河两侧，另外一颗星沉浸在银河（图中紫色）之中。这就是著名的“夏季大三角”。我国古人赋予了它们美丽的神话传说，牛郎织女鹊桥相会的故事历经数千年仍未褪色。

牛郎星是天鹰座的最亮星，它前后各有一颗小星，那是他用扁担挑着的两个孩子，正和他一起去找织女。织女星是天琴座的最亮星，一侧的几颗小星组成菱形，像一把织布的梭子。第三颗亮星是天鹅座的最亮星，它与周围的几颗星一起横跨银河，因此被古人认为是银河上的渡口。它作为这座渡口桥梁上的第四颗星，被称为天津四。

不过，第 22 页壁画中的牛郎织女代表的其实并不是牛郎星和织女星，而是二十八宿中的牛、女两宿。牛宿位于摩羯座中，而女宿则属于宝瓶座（见第 48 页二十八宿与黄道十二宫现代位置图）。在公元前 3000 年，牛郎星和牛宿确实会同时升到南天最高处，织女星也还位于牛郎星的东侧。那时如果有二十八宿的话，牛宿、女宿的位置和牛郎织女两颗亮星的位置的确是重合的。但是，由于地球自转轴的周期性变化（岁差），牛郎星和织女星都日渐西移，其中织女星移动得更快，在秦汉时已移动到了牛郎星的西侧。虽然二十八宿仍然沿用了传统的名字，但牛郎、织女两颗亮星已经无法再像从前那样作为牛、女两宿的参考点了。于是，民间传说中的牛郎织女星和二十八宿中的牛宿、女宿就此脱钩，不再有瓜葛。

神于九天

苍龙
四象之一，代表东方

白虎
四象之一，代表西方

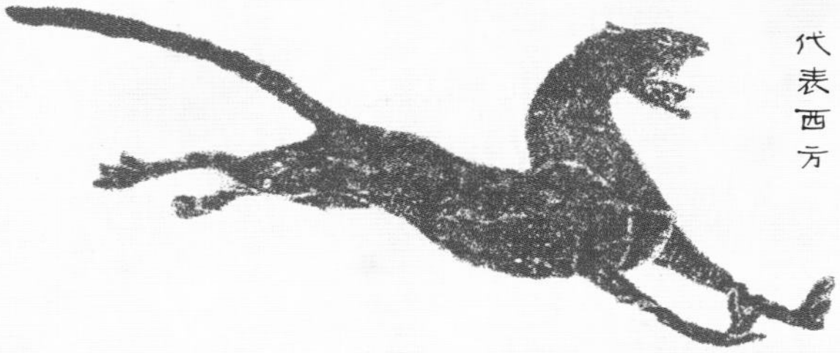

东汉画像石 天帝暨日月神图拓本原件藏于南阳汉画馆

九天浩荡，云雾缭绕，好一派壮丽祥和的景象。

苍龙连蜷于东方，白虎猛据于西方，朱雀奋翼于南方，灵龟圈首于北方。这四只神兽就是大名鼎鼎的四象。它们代表东西南北四个方位，环绕在天帝周围。

天帝端坐中央，头戴三叉冠，主宰天界，统领众神。他看上去和人类是一个模样。

朱雀
四象之一，代表南方

日神羲和怀抱日轮，轮中赤乌是太阳的化身。月神常羲怀抱月轮，轮中蟾蜍是月亮的化身。两神都是人身蛇尾，长着利爪；一个在东方，一个在西方，日升月落，昼夜不舍。

最右边的是北斗七星，最左边的是南斗六星。两斗整齐排落，象征众星列布，斗转星移，四时变换。

上下四方曰宇，往古来今曰宙。神于九天，掌管宇宙。

日神

天帝

主宰天界

名画记 东汉神祇群像

汉代时，人们经常把图画雕刻在建筑石材上面，这些雕刻有图画的石材，被叫作画像石。《天帝暨日月神》就是一件著名的画像石，它出土于河南省南阳市西郊的麒麟岗，雕刻在一个东汉石墓的前墓室顶部，总长 3.8 米，高 1.3 米，由 9 块条石组成。这幅画是它的拓本。

我国古人认为“天有九重”，即天界有九重城门；他们还认为“天有九部”，即天界分为九个部分。因此，天界才有了“九天”这个称呼。组成画像石的 9 块条石，有可能象征着九天。画中描绘了一个井然有序的天界，天帝位于中央，四象环绕，日月二神位居两侧，北斗和南斗分列最外侧，其间云纹密布，整个画面非常壮观！

汉代时，至尊神天帝的形象并不固定，有时是人首蛇身（第 10 页西汉马王堆 T 形帛画），有时却完全是人类的模样（第 30 页东汉武氏墓石祠画像石），这幅画也是如此，可惜天帝的面部细节已经漫灭不清，无从得知他的样貌。从先秦到汉代的文献来看，天帝其实不止一个，而且会更替变换，就像人间的朝代更迭、帝位变化那样。研究人员推测，这幅画中的天帝有可能是黄帝或者太一，他统领众神，掌管宇宙一切的生息变幻。

玄武

神龟形象

天文志 四象定型

四象，是代表东西南北四个方向的神兽，它们来自于天象，每个代表七宿。最经典的组合是东方（宫）苍龙、西方（宫）白虎、南方（宫）朱雀、以及北方（宫）玄武。在四象中，以龙和虎的形象出现最早。早在距今 6500 多年前，河南濮阳西水坡墓葬中就有蚌塑龙虎的形象。后来，南方朱雀也被广泛接受。只有北方神兽的形象在汉代以前一直没有固定。

玄武

龟蛇形象

西安交通大学西汉壁画（第 16 页）上的北方神兽是一条小蛇；而这幅画像石上的北方神兽却是口衔仙草的神龟，倒是与天文学家张衡在《灵宪》中的表述“灵龟圈首于后”相互契合。在陕西靖边汉墓壁画上，神龟与螣蛇的形象开始结合在一起。到了东汉，龟蛇合体的玄武形象已经广泛出现在瓦当、铜镜、石座等各种场合。四象的经典形象也就此定型。

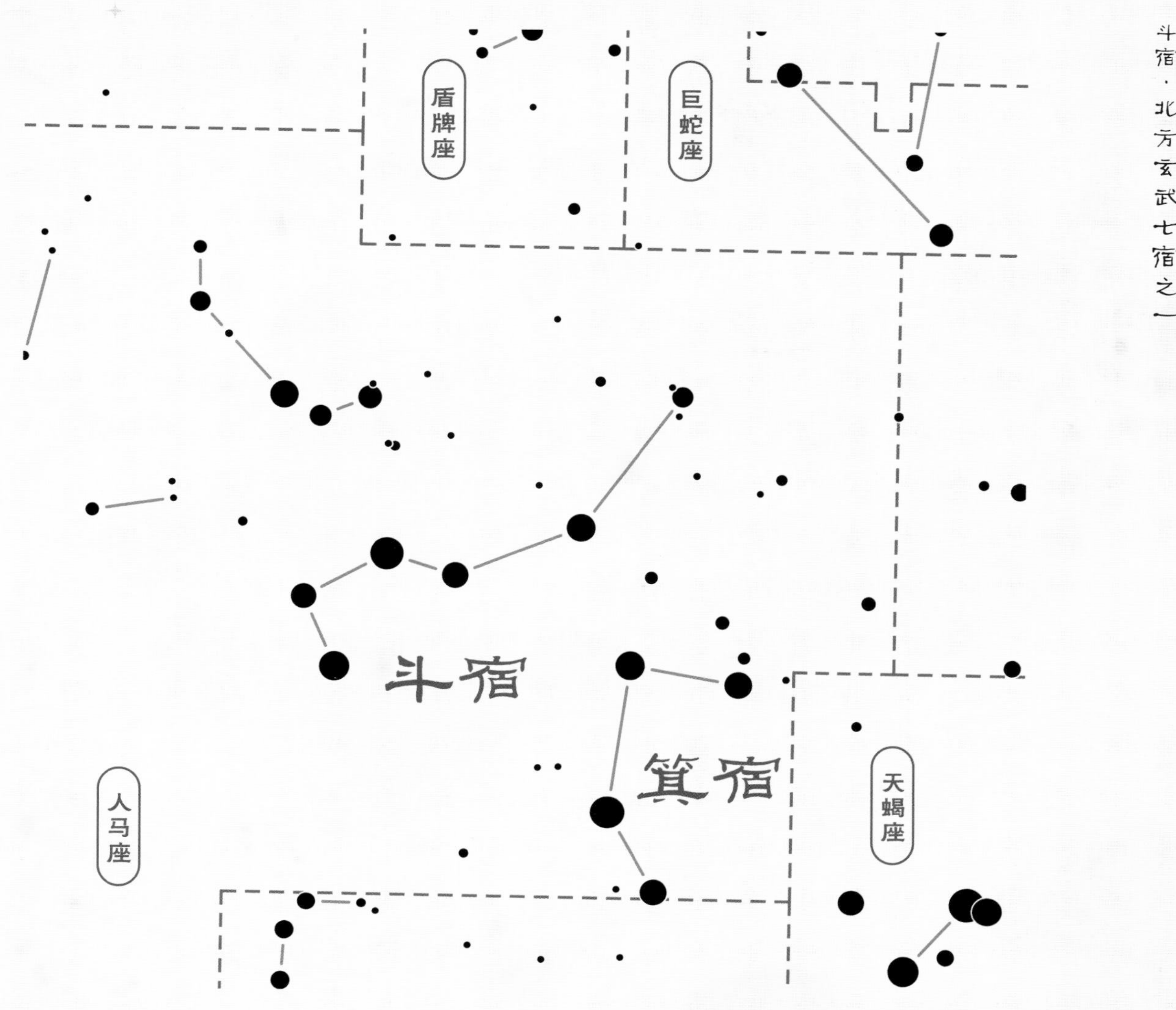

从星宿到星神

这幅汉代作品位于墓室的正上方，代表逝死者前往的天界。同前面的西汉墓顶壁画（第 16 页）相比，这里的天界没有用写实的星象，而是直接以星神的形象来呈现。四象已经不再是西汉壁画中所呈现的二十八宿星象的组合，已经成为各司一方的神兽。这些奇异的形象代替了抽象晦涩的星象，不仅容易识别，也方便用于装饰。最外侧的南北斗作为仅存的写实星象元素，点明了画面的天文内涵。实际上，我国古人认为，北斗是天帝车驾；南斗则是北方玄武的起始部分，即斗宿；而这里它们却被单独拿出来画在最外侧，显示了两斗独立于二十八宿之外的特别地位，民间也有“南斗主生，北斗主死”之说。

这幅画的价值在于完整地将写实的星象和象征性的星神放在一个场景中，记录了汉代早期的由星象崇拜向星神崇拜的过渡阶段。

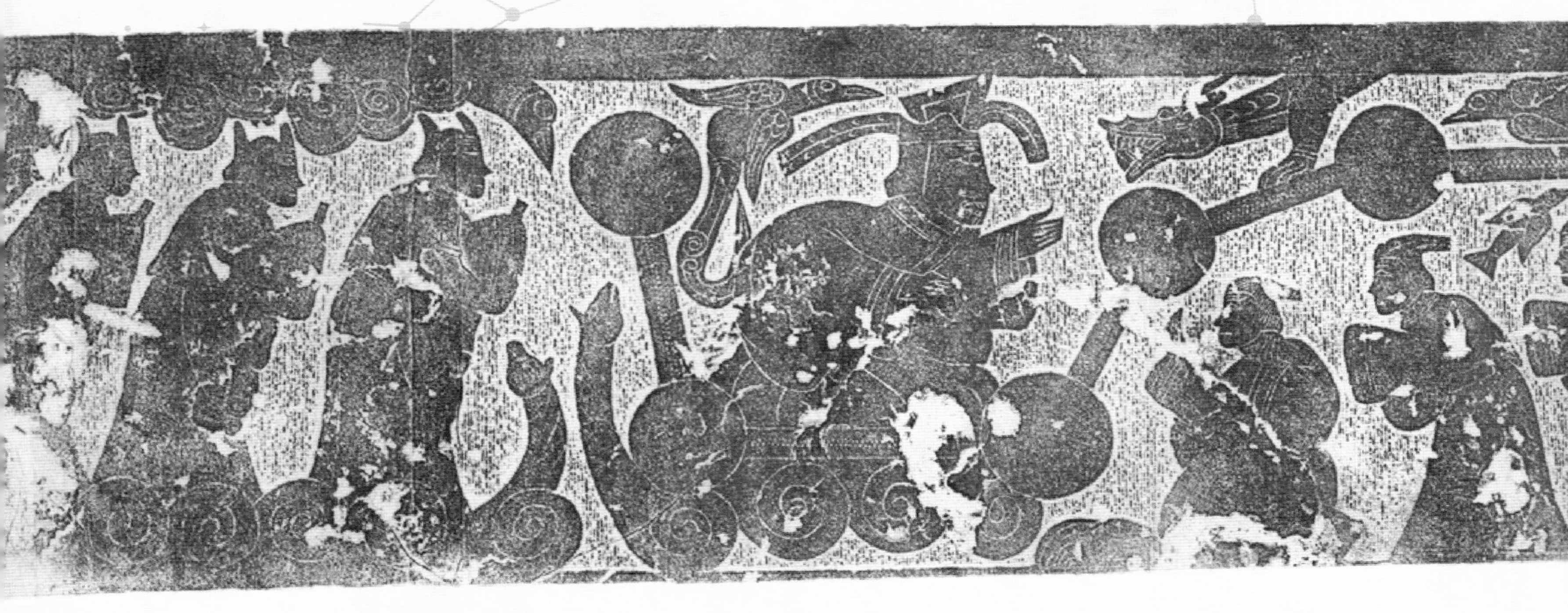

斗为帝车

辅 北斗七星之一开阳的伴星

摇光 北斗七星之一

天帝正在巡视四方，他的车驾如此特别，竟是由北斗七星组成，被称作北斗云车。

斗杓三星组成车辕，一名小羽人脚踏摇光，手持叫作辅的小星，引领前进方向。斗魁四星组成车舆（yú），头戴华冠的天帝端坐在上面，探身去接龙衔来的宝物。北斗云车没有车轮，腾云驾雾而行，四周有飞鸟环绕。

笏 记事的手板

三名羽人乘云相随，辅佐天帝。他们身穿长服，手持笏（hù），随时准备将事情记录在上面，然后禀告给天帝。云中有大鸟探头观望，螣（téng）蛇在下面昂首呼应。

螣蛇 神兽，能飞的蛇

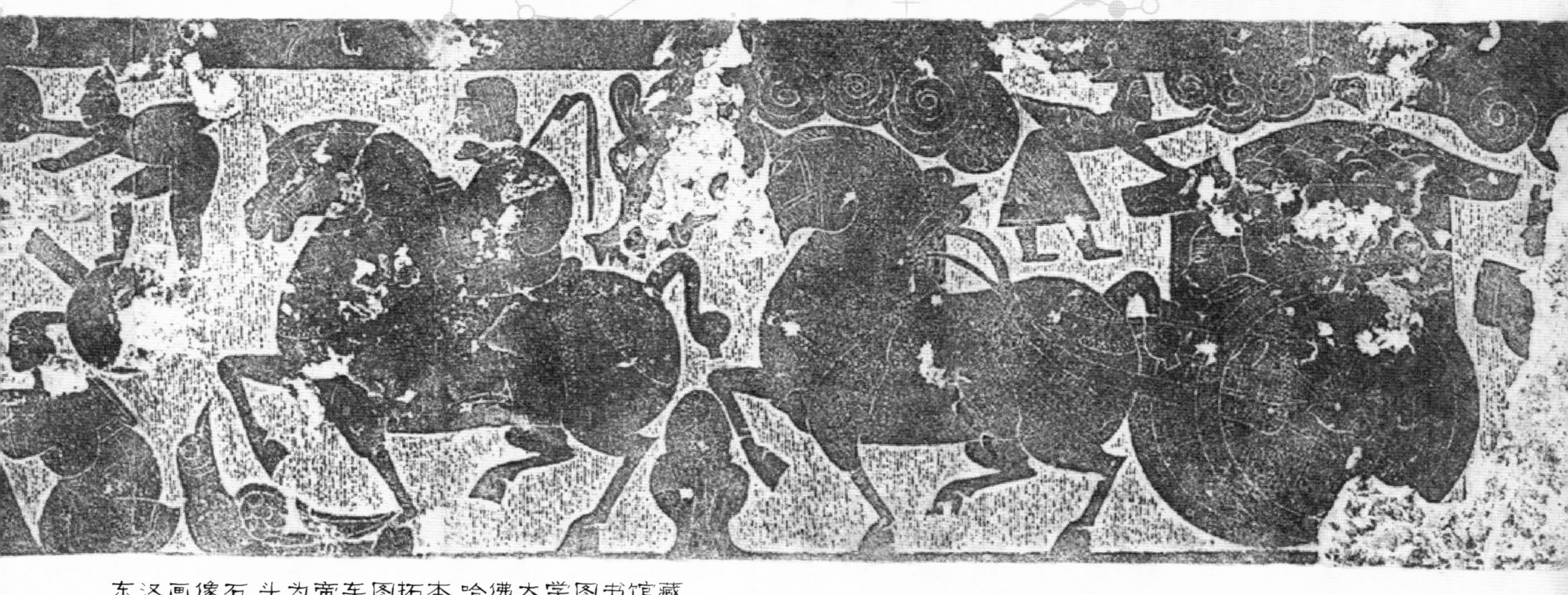

东汉画像石 斗为帝车图拓本 哈佛大学图书馆藏

在北斗云车前方，只见一列长长的恭迎队伍迎面走来！

最前面的是四名羽人，他们或下跪或躬身，齐齐向天帝拱手行礼。后面是一高头大马，骑者执鞭开路。再后面是一辆軿（píng）车，一人坐在车舆前驾车。瞧，马儿是如此器宇轩昂，引得飞鸟落下来，扭头张望。

羽人 肩背生翼的天神

一人紧随軿车，一名小羽人手扶车顶，上面云雾翻腾。那帷幕里面究竟是谁呢？肯定也是前来拜谒（yè）天帝的吧？

名画记 天帝的车驾

汉代时，我国古人把北斗七星（简称北斗）想象成天帝的车驾，而帝星（今天的小熊座 β 星）是天帝的象征。《史记·天官书》记载："斗为帝车，运于中央，临制四乡。"作为天界的主宰，天帝位于中央，乘坐北斗云车，巡视四方，统御天下。著名的画像石《斗为帝车》为《史记》中的描述提供了直观的图像。

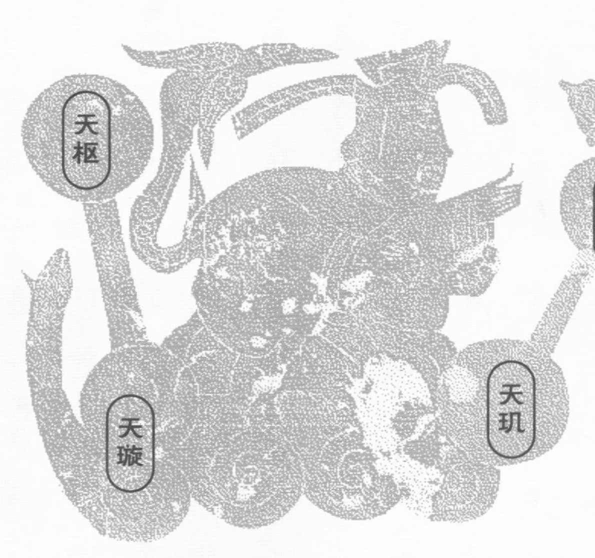

武氏墓石祠是东汉晚期武氏家族的祠堂和墓地，俗称"武梁祠"。它位于山东嘉祥县武翟山村北，现在原址上建立了山东嘉祥武氏墓群石刻博物馆。武梁祠现存石阙、石狮各一对，石碑两块，祠堂石刻 40 余块。这些石头上面雕刻有图画和文字，因此被人们叫作画像石。《斗为帝车》雕刻在武氏祠前石室屋顶前坡西段画像石第四层。这幅画是它的拓本。北斗云车源于汉代人长期的天文观测和超凡的想象力。除了北斗七星，开阳的伴星"辅"也被观测到并画下来，它就是小羽人手执的小星。

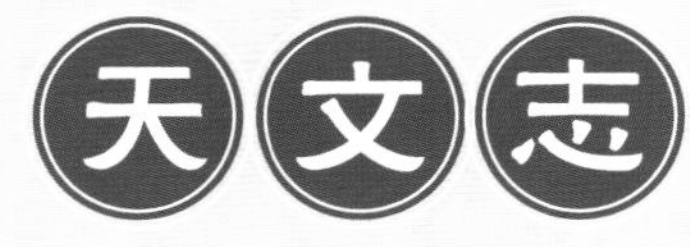

观北斗，定四时

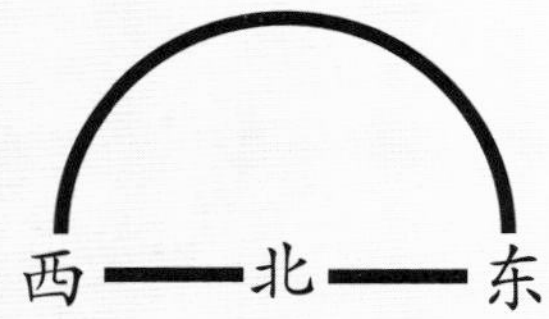

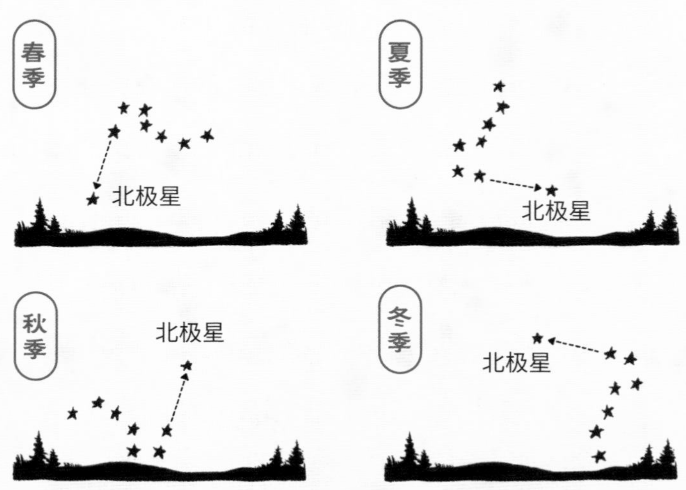

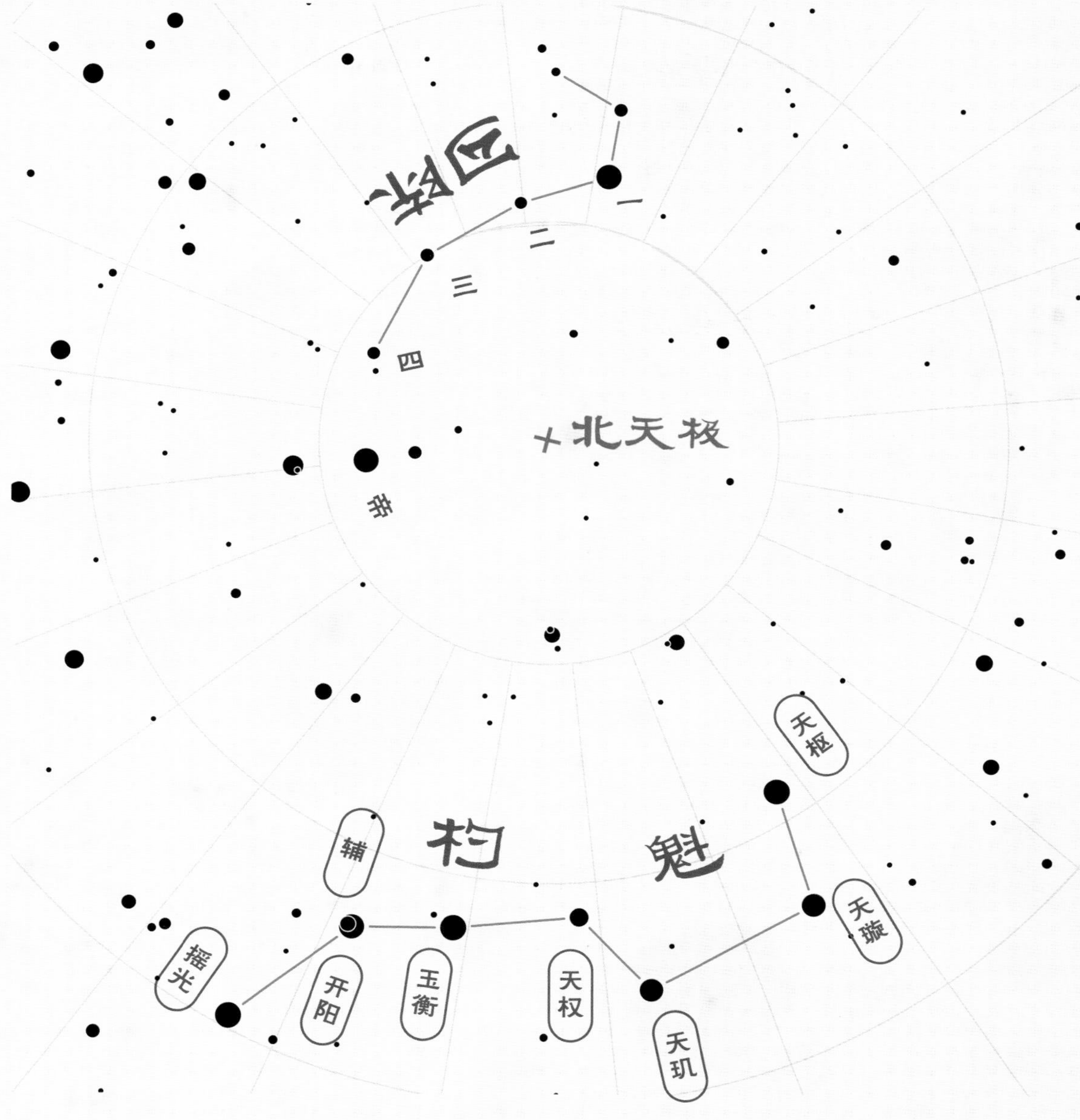

汉代（公元前 100 年）北天极星图

汉代时，北天极（地球自转轴在北天指向的位置）附近没有亮星（如今北天极已经移动到勾陈一，它便成了今天的北极星），最显眼的就是北斗七星。对于当时位于北纬 30 度以北的人来说，北斗七星以斗魁的开口对着北天极周游运转，全年都不会落入地平线以下。在日落之后，根据斗杓（也叫斗柄）所指的方向就可以大致出判断季节。

先秦典籍《鹖冠子·环流》中记载：“斗柄东指，天下皆春；斗柄南指，天下皆夏；斗柄西指，天下皆秋；斗柄北指，天下皆冬。”这句话明确地指出北斗七星对于古人日常生活的指导价值。对于一个春耕秋收的农业国家来说，时节历法是关系到国计民生的头等大事。只有准确掌握了季节的交替时间及规律，才能有序进行农耕，五谷丰登、国泰民安。四季的温度会因为天气无常而反复，历法会由于年久失修而出现差错，但北斗七星的位置和运行在相当长的时间里都是稳定不变的，可以作为一个可靠的参考。由此可见，古人对北斗的崇拜也是源自对美好生活的向往。

唐代 伏羲女娲像 故宫博物院藏

生化万物

这是伏羲和女娲。他们都是人首蛇身，穿着红色胡服，相拥并侧身相望；中间两臂融为一体，两手隐藏了起来；腰部相连，合穿一条白裙。

女娲

伏羲头戴笼冠，冠上插着一支麦穗状的簪子；左手执矩，上面有墨斗。女娲束着高髻，右手执规。规是画圆的工具，矩是画方的工具。天圆地方，它们代表天与地；没有规矩，不成方圆，它们也代表万物的法则。

伏羲

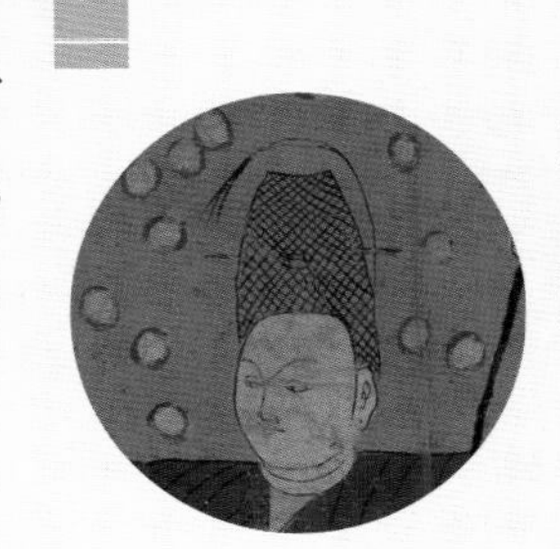

笼冠

嵌有笼状硬壳的冠

白裙下面是两条蛇尾，粗硕丰满，白条纹间点缀着黑斑点。一节、两节、三节、四节，蛇尾盘曲相交成螺旋状，代表着生化万物。

太阳

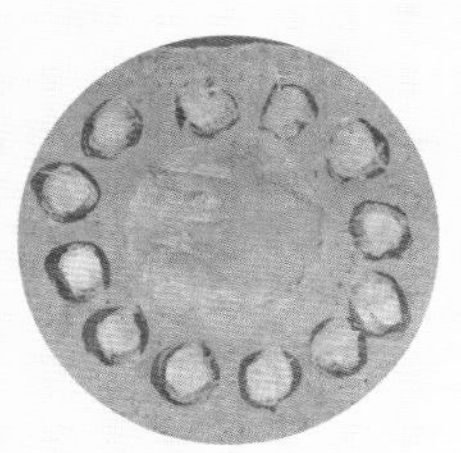

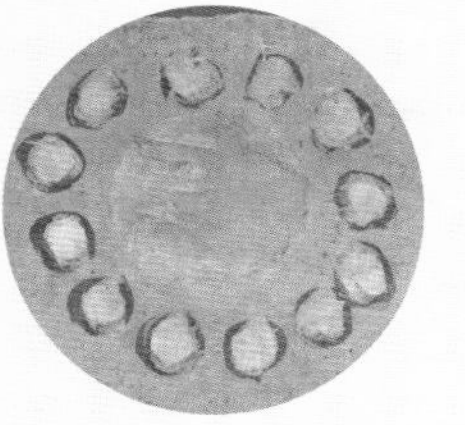

太阳在东方，月亮在西方，室壁居南天，斗为北辰。在天地四方之间，伏羲女娲手持规矩，为众生万物定下不可逾越的法则：

日升月落，斗转星移，生老病死，莫不如是。

月亮

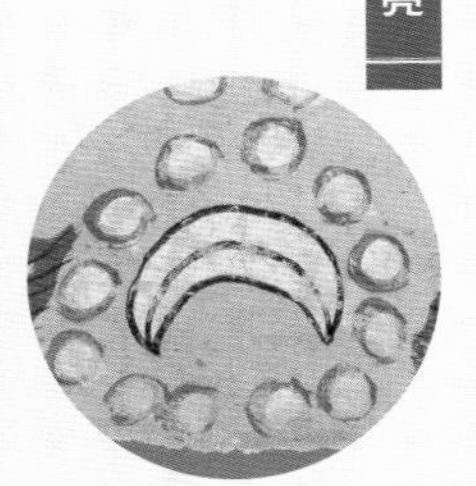

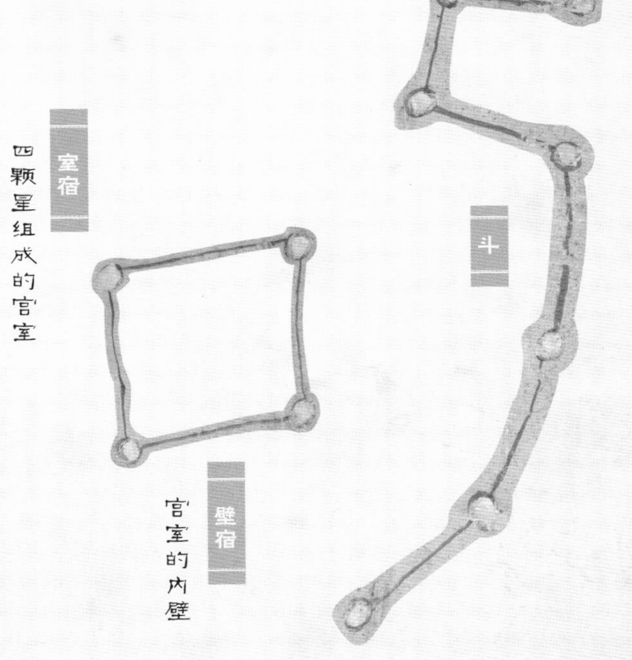

室宿

四颗星组成的宫室

壁宿

宫室的内壁

斗

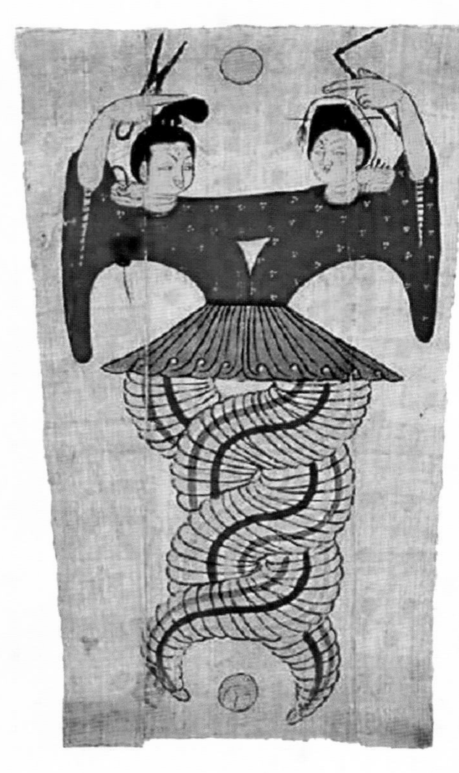

伏羲女娲像 新疆维吾尔自治区博物馆藏

名画记 伏羲与女娲

伏羲与女娲是我国神话中的华夏始祖，他们是从战国时期开始出现在文献记载中的，当时并没有直接联系。然而到了西汉，两神竟然演变成一对夫妻。汉代到隋唐是人们对伏羲女娲崇拜的兴盛时期，留存下来的图像资料相当丰富。他们往往以人首蛇身的形象一起出现，宋元以后基本就是人类的模样了。

这幅画就是唐代的作品，出土于新疆吐鲁番阿斯塔那墓葬群。那里安葬着许多高昌古城的逝者。高昌古城（1~14 世纪）是古代丝绸之路上的一个重要枢纽，研究人员推测，随着人口流动、迁移，人们对伏羲女娲的崇拜也向西传播到高昌古城。此地的墓葬群出土了许多麻制或绢制的伏羲女娲图，一般是画面朝下、用木钉钉在墓室顶部。除了长相、服饰以外，它们的画面形式大致相似：人首蛇身，交尾相拥，女娲持规，伏羲持矩。

东汉画像石 伏羲女娲像拓本

天文志 宇宙的秩序

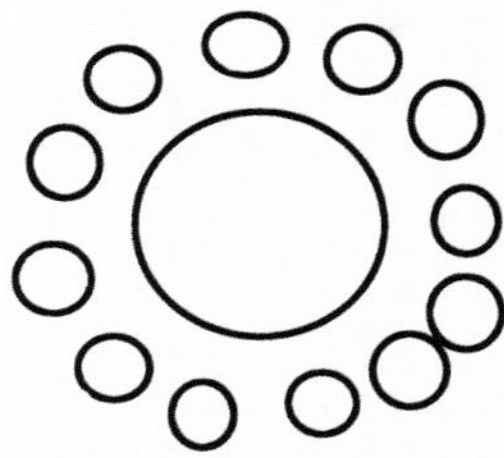

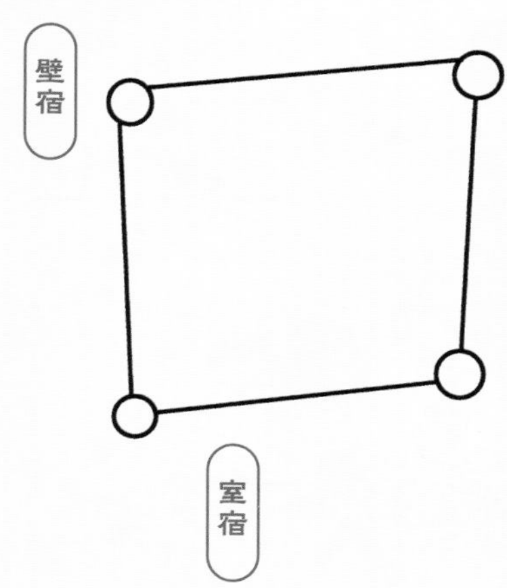

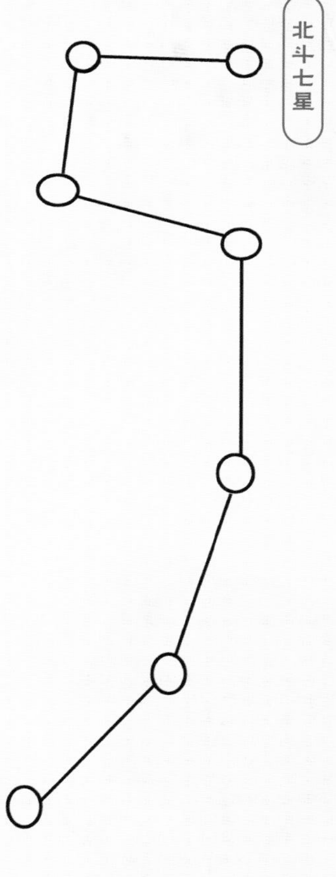

一般认为，伏羲女娲所执规矩象征天地，也代表秩序，再配合画面上的日月星辰，为墓室营造出了一个小宇宙。伏羲右侧为北斗七星；女娲左侧似乎为室壁二宿，疑似还有毕宿、参宿（也可能是牛宿），它们都属于二十八宿，只是在不同季节出现在南天。这些天文元素有明显的方位特征，其余星点则为点缀装饰。

这幅日月星辰之间的华夏始祖图像，是唐代新疆地区墓室中的典型元素，和西汉马王堆T形帛画（第12页）以及西汉墓顶壁画（第16页）有着同样的用途——引领逝者灵魂前往天界。不过，从晋代开始，统治者为了防止百姓被天象占卜之说迷惑，开始严禁民间私习天文。于是，墓室中的天象元素渐趋简陋，直至消隐。

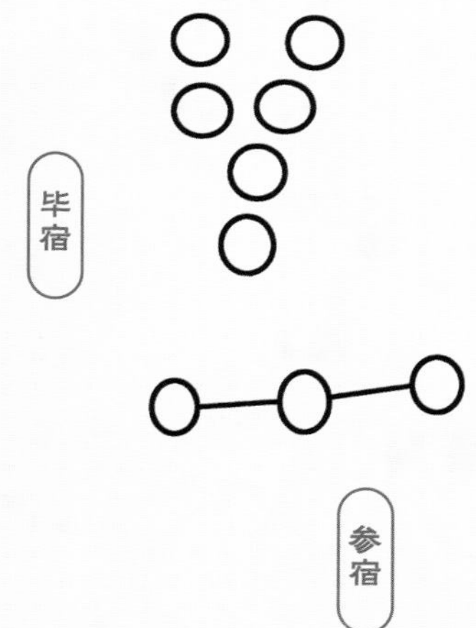

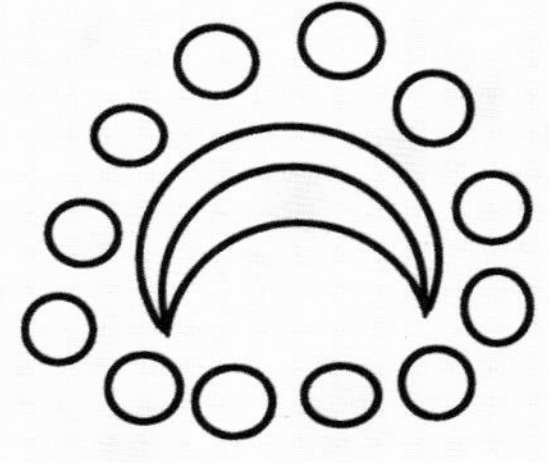

（传）唐代 梁令瓒 五星二十八宿神形图（角星神）

星神驾到

天界有二十八宿，化身为二十八星神。瞧，其中的十二位星神驾到！

第一位身穿花衣，手持莲花，盘腿坐在花丛之中，看上去像是春神句（gōu）芒。

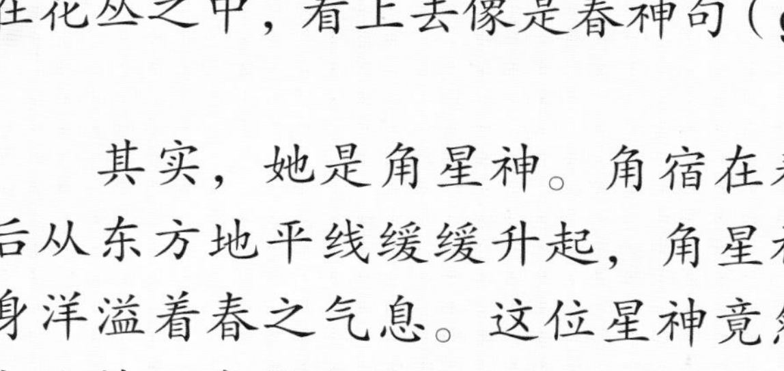

其实，她是角星神。角宿在春天日落后从东方地平线缓缓升起，角星神自然浑身洋溢着春之气息。这位星神竟然拿骷髅当头饰，真是个性十足！

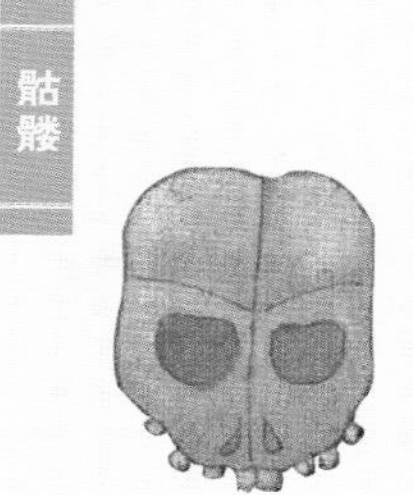

二十八宿与黄道十二宫是相对应的。角宿对应的室女座在西方是手持麦穗的谷神。瞧，这朵莲花，是不是也有点像谷穗的形状呢？

莲花

花丛

骷髅

室女座

（传）唐代梁令瓒五星二十八宿神形图（亢星神、氐星神、房星神、心星神）

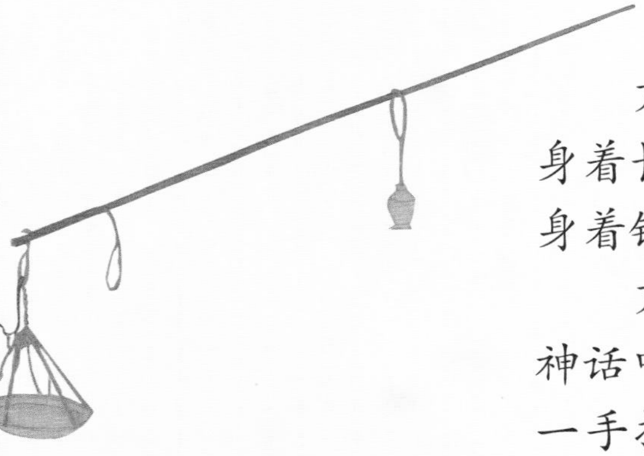

杆秤

亢（kàng）星神是个文官，头戴官帽，身着长袍，手持杆秤。而氐（dǐ）星神是个武将，身着铠甲，手持长剑，叉腰盘坐在神龟背上。

亢宿、氐宿对应着天秤座，也就是希腊神话中的正义女神忒（tè）弥斯。她一手持剑，一手持秤，掌管世间的法律与秩序。这里天秤座被一分为二，一文一武，西方的天平也变成了中国的杆秤。

胡禄

盛箭的箭筒

房星神和心星神是一对外形相似的青年。他们手持长矛，腰佩胡禄、弓韬，衣衫飘飘，袒胸赤足，一副不羁的模样。

房宿、心宿隶属于东方苍龙，对应着天蝎座。因此，两神身上当然少不得龙与蝎的特征：身披龙鳞，翘起龙尾，头上有蝎钳。

房星神

天蝎座

弓韬

盛弓的弓袋

（传）唐代梁令瓒五星二十八宿神形图（尾星神、箕星神、斗星神）

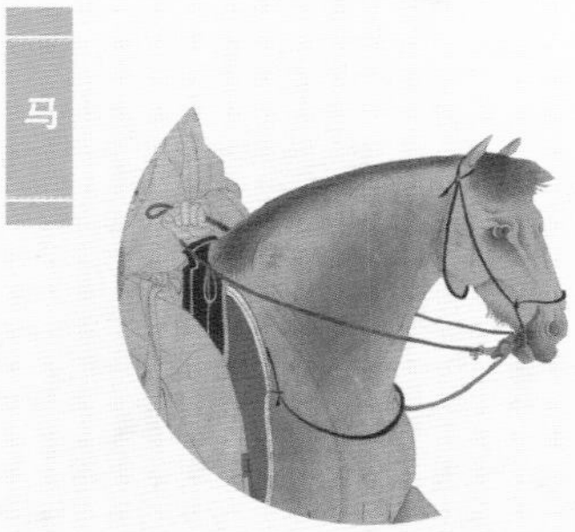

尾星神是个文官，皮肤黝黑黝黑的，他立在水边，手持弓箭、毛笔，长袍下的肚子微微隆起。箕星神是个青年，也手持弓箭。他骑马踏火前行，看上去波澜不惊。

尾宿、箕宿对应着人马座，也就是希腊神话中张弓射箭的半人马喀戎。人、马、弓箭，看来人马座的元素，这两神也齐集了。

马

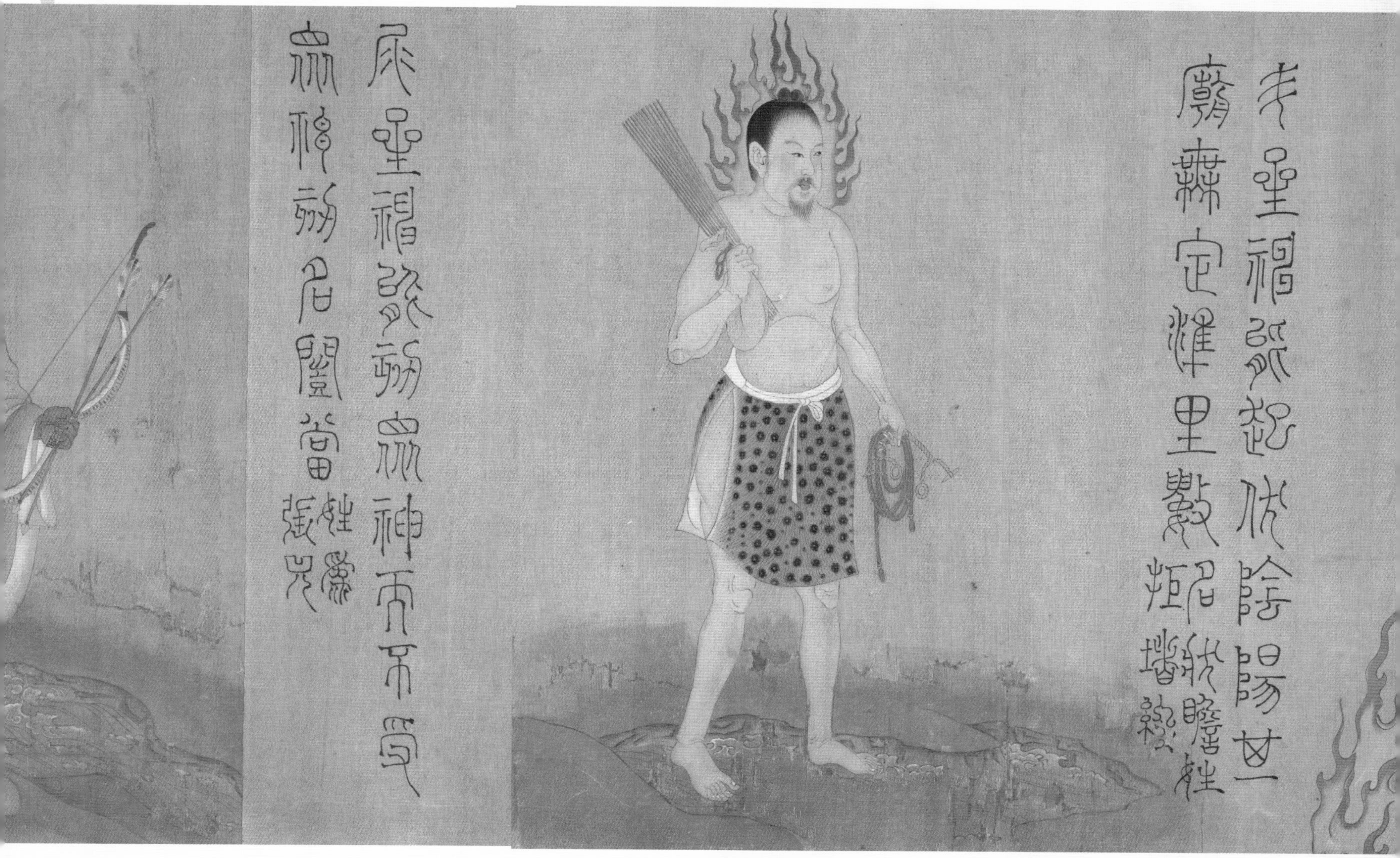

斗星神穿得真少，只围了件豹皮裙，两侧开叉到腰间！他脚下踩水，头上冒火。与箕宿一样，斗宿也在盛夏时分从东方地平线升起，传说因此斗星神、箕星神不怕火。

此时，斗星神手拿绳索，还有布袋、竹签，难道是准备去布置陷阱？

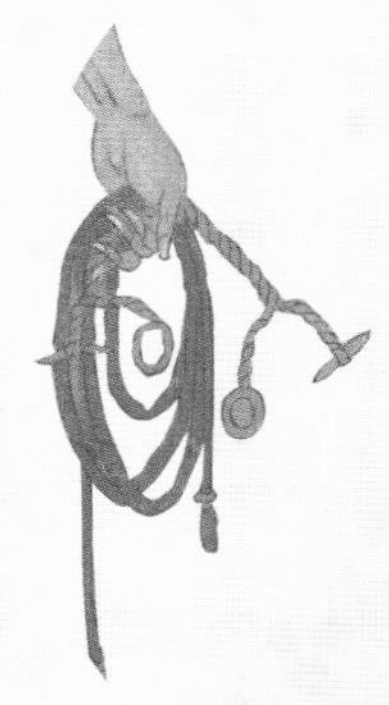

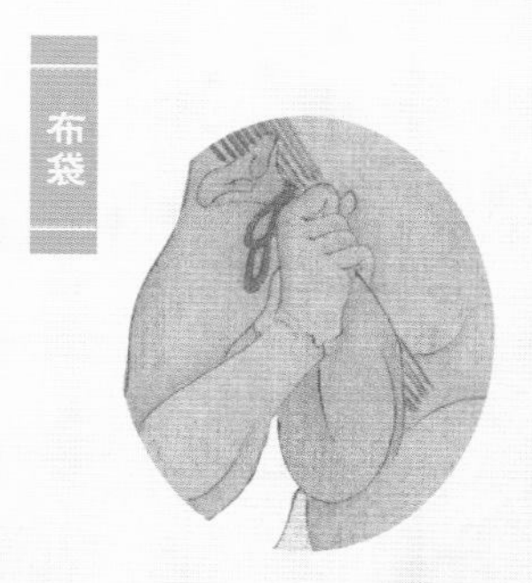

（传）唐代梁令瓒五星二十八宿神形图（牛星神、女星神、虚星神、危星神）

女星神

牛星神

牛星神、女星神都是羊头人身，只不过一个是羚羊，一个是绵羊。前者双手持杖，立在水中。后者右手抬起，似乎欲言又止。

牛宿、女宿对应的摩羯座是长着鱼尾的山羊。牛星神、女星神呢，身上没有羊蹄，也没有鱼尾，而是双手、双脚取而代之。

摩羯座

虚星神是个微微秃顶的中年人，头发束于脑后。他上身赤裸，下身藏在瓶中。他左手拿的也许是魏晋南北朝时期流行的药剂五石散，右手正把水浇向发热的身体。

虚宿对应着宝瓶座，那么瓶中究竟藏着什么秘密呢？

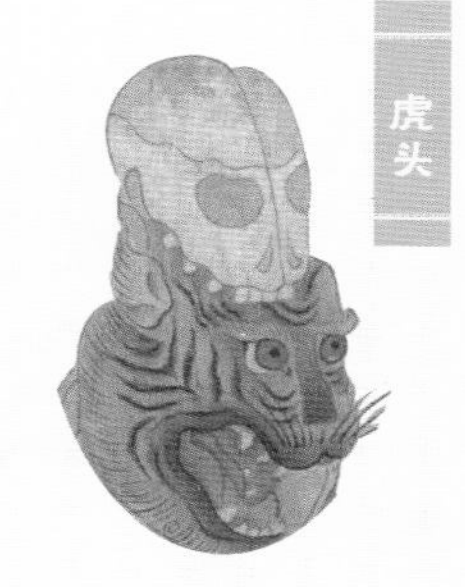

宝瓶座

最后一位是危星神，虎首人身。他头戴骷髅，身着铠甲，剑钺（yuè）在手，威风凛凛。作为一名武将，传说危星神是兵伐征战的象征。

咦，不是一共有二十八位星神吗？为什么还有十六位没来？他们到底去了哪里！

（传）唐代梁令瓒五星二十八宿神形图（十二星神部分）大阪市立美术馆藏

十二星神像

汉魏时期，我国古人常在墓室中绘制天象图，用来表示死者前往的天界。六朝以后，天文学被官方垄断并禁止于民间。于是，百姓将星辰神化，创作出诸多星神来指代天象，一方面降低了传播的难度，另一方面也避免了私习天文学的罪名。与以前追求写实的天象图不同，这些星神的形象是高度符号化的。

已知最早的星神形象可以追溯到六朝画家张僧繇（yáo）的作品，可惜他绘制的《五星二十八宿神形图》原件已经不知去向，现在只有 5 件临摹作品流传下来。其中一幅传说出自唐代画家梁令瓒（zàn）之手，是现存最早的摹本。这幅临摹作品描绘了 17 位星神：五星神（木火土金水）和二十八宿中的十二星神，总长近 5 米。可惜的是，它只是上卷，而绘有其余 16 位星神的下卷早已佚失。

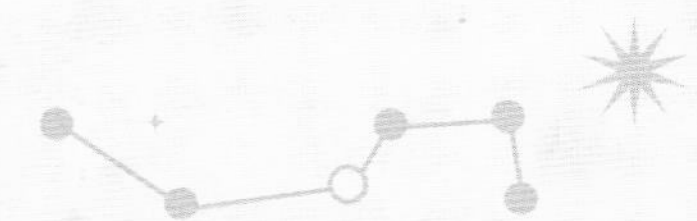

其余 4 件临摹作品，宋人、元人摹本藏于故宫博物院，明代仇英摹本藏于大都会艺术博物馆，清代丁观鹏摹本藏于台北故宫博物院。其中明清摹本绘有全部 33 位星神，只是年代较晚，很多细节已经走样，有失原意。

一般来说，中国绘画长卷是从右向左观看。这幅唐代临摹作品也是如此。

每位星神前面均写有篆书占辞，包括星神姓名、性情、吉凶属性、祭祀方式。这里的文字是：

二十八宿神形图

角星神，聪睿勇智，受快乐，通律历。名芸芳，一名先率，姓炽振。

虽然上面写有“二十八宿神形图”，实际上只有 12 位，其余 16 位已经佚失了。

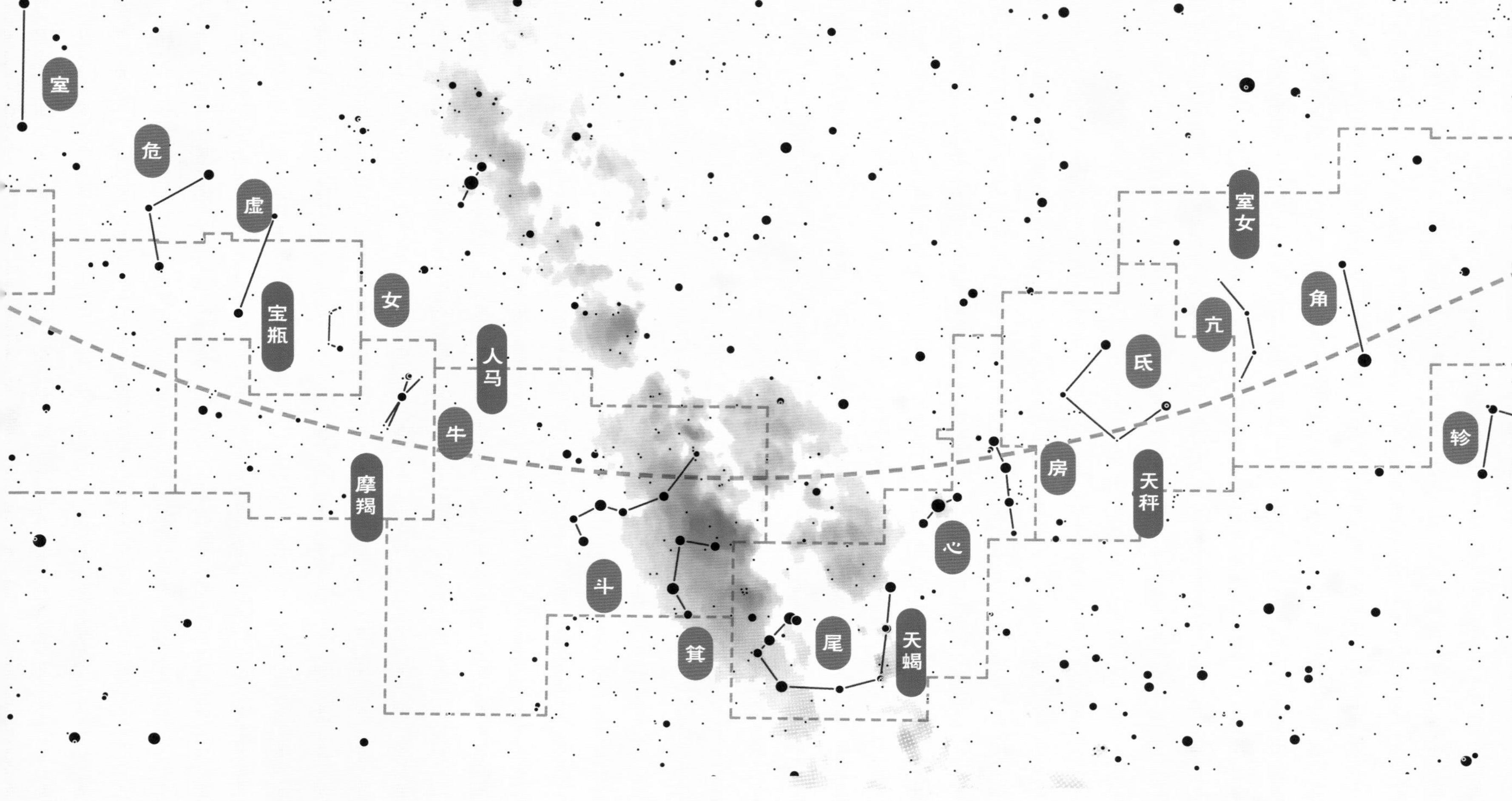

天文志 二十八宿与黄道十二宫

丝绸之路的贸易繁荣在带来丰富物产的同时，也带来了新的文化。中国本土文化从东西交流中吸取了很多异域元素，并整合到现有的体系中来，其中就包括源自亚欧大陆另一端的黄道十二宫。

黄道十二宫是沿着太阳在天空的运行轨迹分布的十二个星座（区间），就像二十八宿是按月亮每晚停留的位置来划分一样。太阳大致每个月停留在其中一个星座中，于是西方认为该月诞生的孩子就是那个星座。黄道十二宫和二十八宿都是用具体的星座形象来指代抽象的天空方位，因此两个系统之间存在着明确的对应关系。

二十八宿与黄道十二宫现代位置图

不过自晋代开始，官方就明令禁止民间私习天文，天官星宿转而以人格化的星神形象流传于世间，就像这幅《五星二十八宿神形图》。它不仅为中国传统的十二八宿创造出具体的形象，还汇集了不同文明来源的众多元素，成为该类图像的经典范本，同时也为我们提供了东西方文化交流融合的一个独特视角。

人事如棋

五代 周文矩 重屏会棋图 宋人摹本 故宫博物院藏

三弟 李景遂

五弟 李景逷

在南唐的皇宫里，李氏兄弟坐在一扇精美的大屏风前，其乐融融。

他们好像刚刚玩过投壶，两支箭杆还散乱地扔在一旁。此刻，四兄弟又下起了围棋，右边的长塌上放着食盒，等休息的时候，他们可以一起品尝茶点。瞧，侍童正在一旁恭候着呢！

投壶 向壶中投箭的游戏

大哥 李璟

大哥头戴高帽，衣襟微微敞开，却不失优雅，他从身后的漆盒中拿出来棋谱。和大哥并肩而坐的是三弟，只见他身穿红衣，把手搭上五弟肩头，观棋不语。

对弈的是四弟和五弟。两人不约而同地把鞋脱在一旁，看上去格外放松。四弟指点着棋盘，正在催促对方。五弟呢，手执黑子，似乎在盘算落点。

箱子

四弟 李景达

奇怪的是，棋盘中竟然一枚白子都没有，只有八枚黑子，其中六枚还是勺状！这盘棋局难道是一幅北斗七星图？其中的六颗已经落定，最后的一颗还在五弟手中。

食盒 盛放食物的器具

传说北斗七星是天帝的车驾。此时，它正对着大哥——南唐帝王——李璟。李璟曾经对外宣告，自己的帝位不再传给子嗣，而是兄终弟及。这样看来，继承帝位的依次是三弟晋王李景遂、四弟齐王李景达、五弟江王李景逷（tì）。

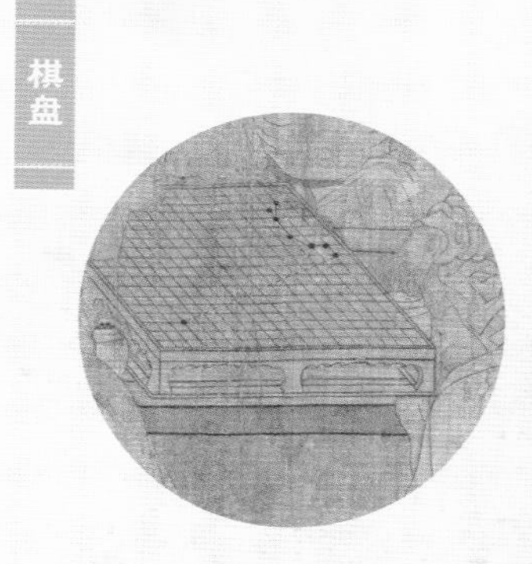

棋盘

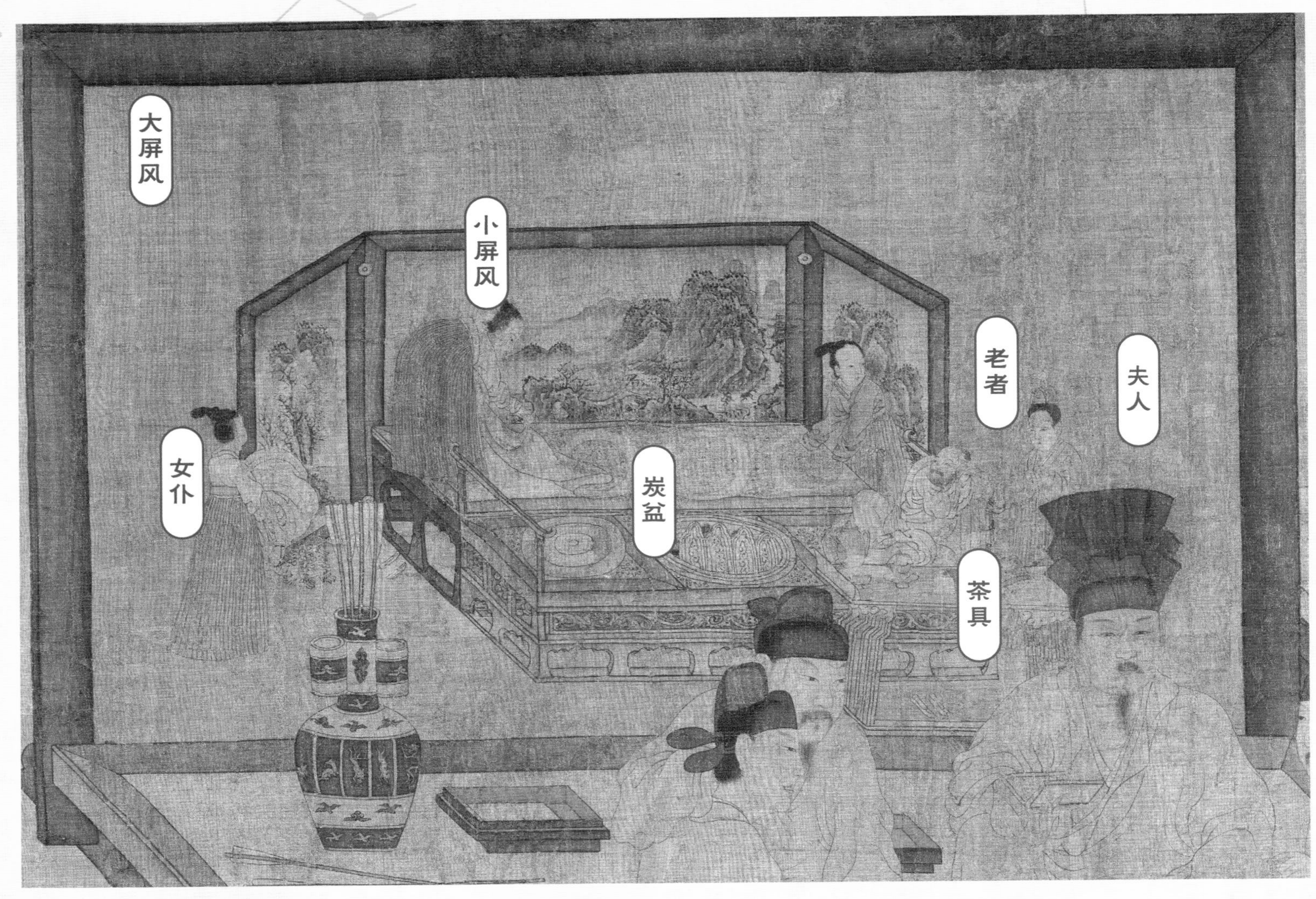

名画记 重屏：烧脑设计

这幅画的构思异常巧妙。李氏兄弟身后竖着一扇大屏风，上面画着一名老者，他慵懒侧卧，周围放着书卷、茶具和炭盆。夫人站在一旁，帮他脱去纱帽；三名女仆正在铺床，等待主人上去休息。大屏风上描绘的这个画面，取自白居易的诗歌《偶眠》：

放杯书案上，枕臂火炉前。老爱寻思事，慵多取次眠。

妻教卸乌帽，婢与展青毡。便是屏风样，何劳画古贤？

而画中的老者身后还有一个小屏风，上面绘有山水。屏风中又画屏风，叫作重屏。

通过重屏，画家竟然在同一个画面中设计了三个场景，从而营造出三层空间：李氏兄弟下棋（前）、老者准备休息（中）、幽然山水（后）。南唐周文矩是著名的人物画家，这幅画即使不是周文矩原作，也应该是接近于原作的宋人摹本精品。它巧妙地将观画者的眼光从室内引向室外，从宫廷引向自然，从画面本身引向政治现实，留给后世无限遐想。

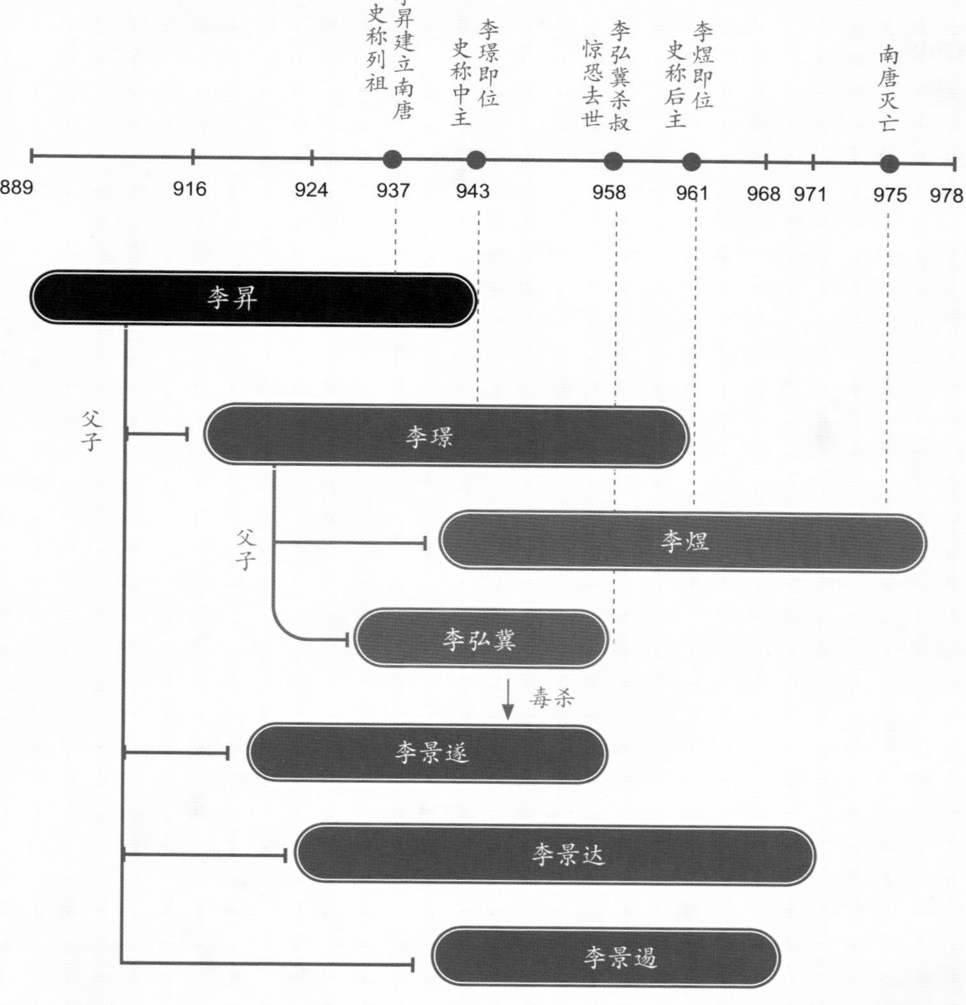

南唐帝王世系表

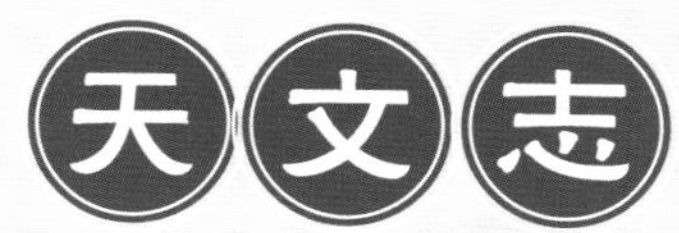

政治博弈

南唐是五代十国时期的政权，历经了一帝二主。书画研究专家余辉先生认为，当时南唐中主李璟攻打闽国、南楚失利，国势日渐衰微。他的长子李弘冀尚小，六子李煜才七岁，而三个弟弟的实力不断增强。为了稳住局面，李璟采取了特殊的政治手段：兄终弟及，自己的帝位传给弟弟，而不是儿子。

这幅画描绘的是李氏兄弟的宫廷行乐生活，却暗藏了兄弟之间的帝位继承顺序。画中的棋局在现实中根本不存在，其实是一幅北斗七星图。我国古人认为，北斗七星是天帝的车驾，并围绕着北极星运转。在这里它象征着帝位。

画中左下星位为北极星，右上星位为开阳的伴星——辅，其余为北斗七星中的6颗。最后一颗天枢仍在年龄最小的李景逷手中，三个哥哥都等着他为这样一个斗转星移的帝位继承顺序落下顺承天意的重要一子。而这场政治博弈的结局却是，李璟的长子李弘冀毒杀叔叔李景遂，自己却因惊恐去世，最终他的弟弟李煜登上帝位。

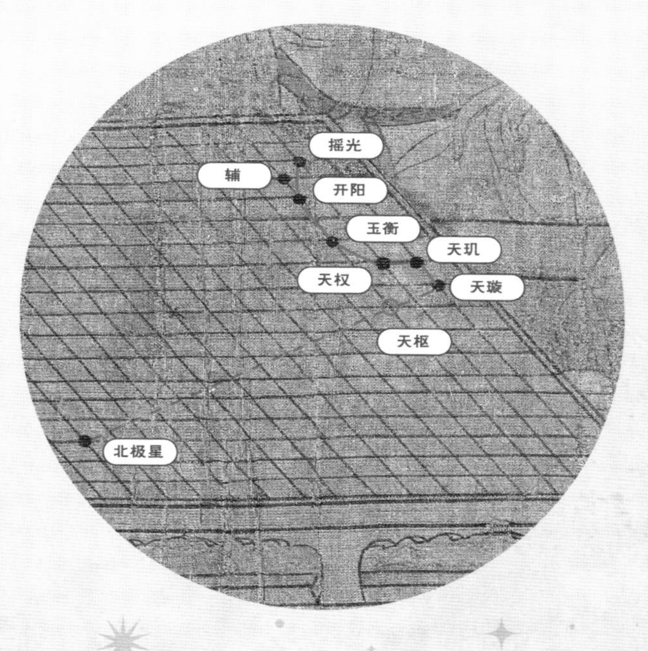

南宋 李唐 文姬归汉图 观星 台北故宫博物院藏

文姬观星

穹庐

圆形帐篷

攒尖帐

尖顶帐篷

在辽阔的塞北草原上，一支队伍依傍土丘，安营扎寨。

穹庐是主人居住的地方，其周围没有高高的围墙，只有帷帐在两旁当作遮挡。前方支着攒（cuán）尖帐，等下面铺好毡毯以后，这里就成了用来宴饮议事的幄殿。五方旗收拢了，扁鼓倚靠在下面，车辆也停放妥当。不远处还有个毡帐，帷帘掀开，空无一人。

夜幕降临，本该是休息的时间，蔡文姬却不在穹庐。她走上土丘，丈夫南匈奴左贤王相随。主人还未休息，侍从们当然不能躺在毡帐呼呼大睡。

左贤王头束幅巾，身穿长袍，抬手指点星空，看上去兴高采烈。一旁的侍从侧耳聆听，耳边的小辫真是可爱！

蔡文姬身穿长裙，头戴方顶帽。她似乎没在听丈夫说话，而是呆呆望着北斗七星。一名侍女抱琴站在旁边，但蔡文姬却没有弹奏的心情。

五方旗

五色军旗

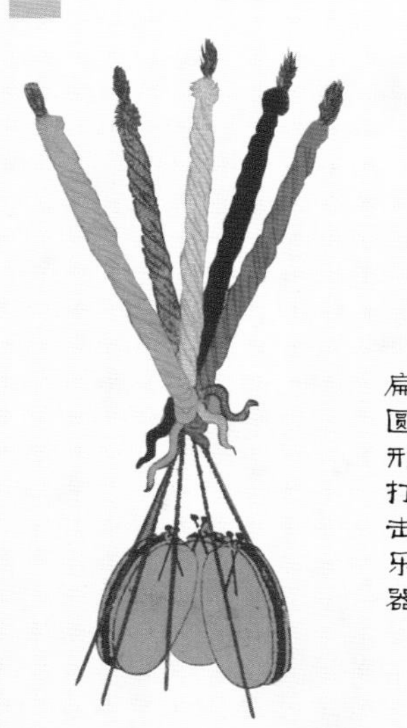

扁鼓

扁圆形打击乐器

北斗七星此刻出现在正南，那里正是大汉的方向。蔡文姬是大汉子民，不幸被匈奴俘虏，无奈留居塞北草原，日夜思归不得归。此时此刻，她又在思念故乡了吧？

初春微寒，树木稀疏，风儿何时吹绿草原呢？

蔡文姬

左贤王

胡笳十八拍

明代 文姬归汉图 观星 大都会艺术博物馆藏

蔡琰，字文姬，名儒蔡邕（yōng）之女，博学多才，精通音律。191 年，正值东汉末年，天下大乱，羌胡入侵陈留（河南省开封市），蔡文姬被俘虏到南匈奴（内蒙古自治区河套地区一带，在古代被称为塞北），后来与左贤王成了亲，育有二子。直至曹操当政，因念及与蔡邕旧日的情谊，遣使携带金璧，于 203 年将蔡文姬赎回。

这一历史故事逐渐成为艺术创作的著名题材。唐代音乐家董庭兰依此谱写古琴名曲《胡笳（jiā）十八拍》，拍是段的意思，十八拍就是十八段。后来唐代诗人刘商为琴曲填写了十八拍歌词，这些歌词讲述了文姬归汉的故事。历代画家又根据歌词创作了《文姬归汉图》，也叫作《胡笳十八拍》，一拍一画，歌词与画面组成了一套连环画长卷。

这里的是第六拍，分别由南宋著名画家李唐（第 54 页）和明代佚名画家（本页）创作。两幅画中的人物并不是汉代匈奴装束。在宋辽夏金时期，民族交往频繁，前者参考了契丹、党项和女真族的装束，而后者极有可能是前者的临摹作品。它们的最大不同之处是，宋画的天上绘有北斗七星，因为年代久远，其中两颗已经脱落；而明画的天上什么也没有。

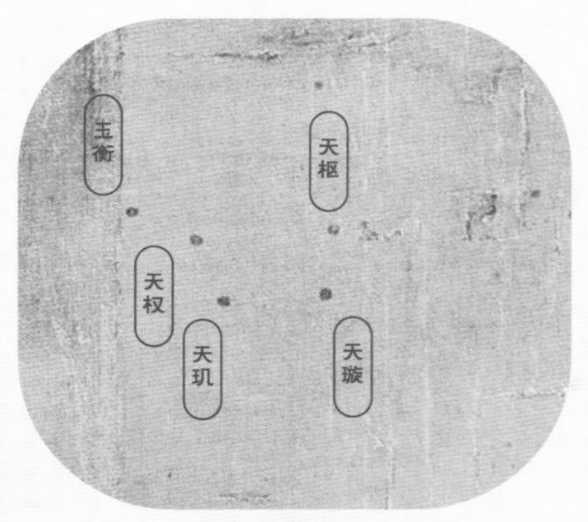

第六拍的歌词是：怪得春光不来久，胡中风土无花柳。天翻地覆谁得知，如今正南看北斗。姓名音信两不通，终日经年常闭口。是非取与在指挥，言语传情不如手。

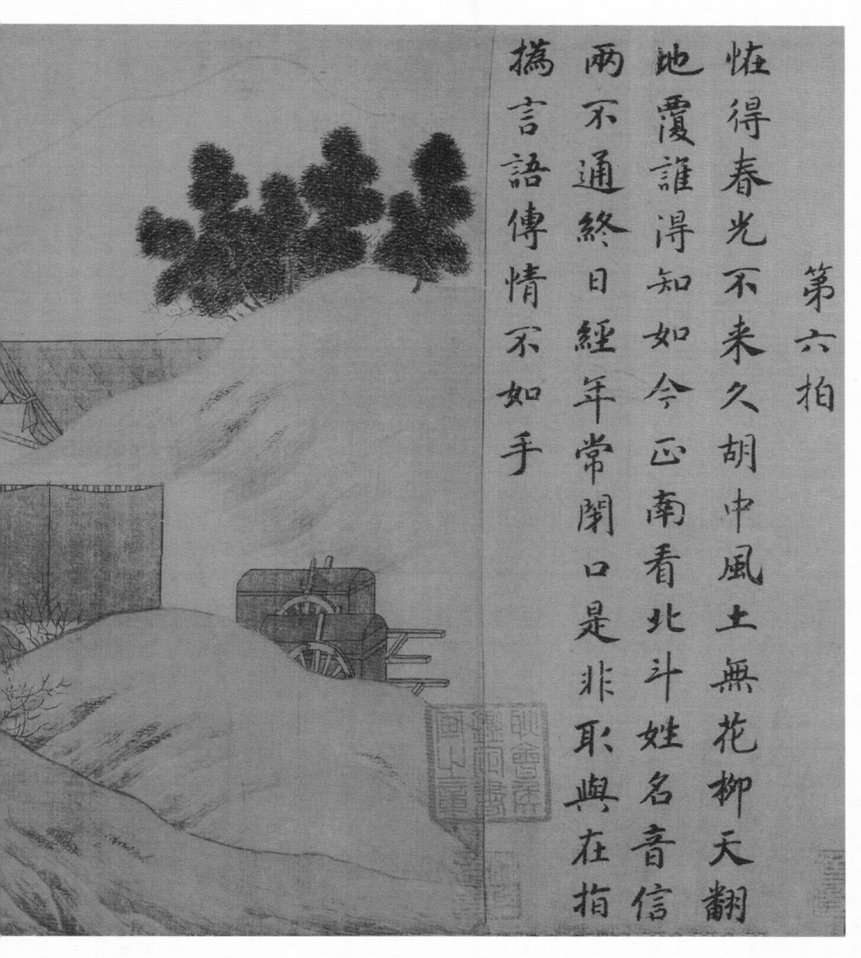

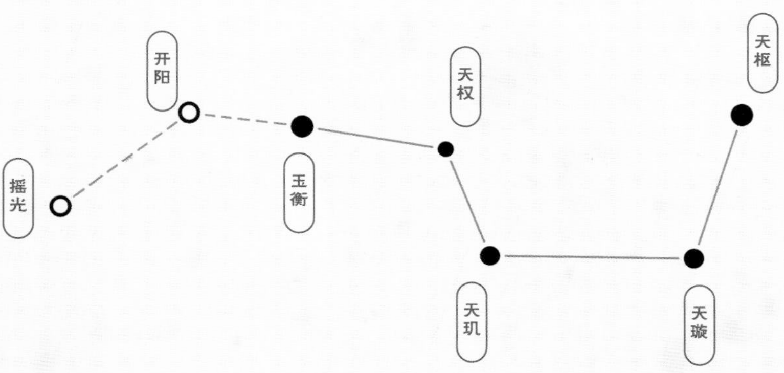

正南看北斗

在第六拍歌词中有这么一句：“天翻地覆谁得知，如今正南看北斗。”这句是描写塞北草原风物迥异，连北斗七星都出现在正南。南宋李唐还画上了北斗七星，只是年代久远，开阳、摇光所在部分已损毁（见第 54 页图）。这是夸张还是写实，蔡文姬是否真有可能到过那么遥远的北方？

在公元 750 年前后，北斗七星中纬度最高的天枢有 68 度（即距离北天极有 22 度）。最低的摇光也有 55 度，其他五星都在北纬 60~65 度。要像图中这样在正南看到全部北斗七星，至少要抵达北纬 68 度以北的地方，那已经是在北极圈以内了。所以画中的歌词显然有夸张的成分。就算要在正南看到北斗七星中的一颗，也要跑到北纬 55 度以北的地方，那差不多是俄罗斯贝加尔湖的最北端。在汉代，那里正是匈奴的领地。虽然传说苏武曾在贝加尔湖畔牧羊，但汉朝的军队从没有到达过那么遥远的地方。而到了唐代，燕然都护府管辖的漠北草原确实延伸到那里。唐人才有机会通过军事或贸易来往获得正南看北斗的经验。所以，这样的歌词出现在唐代诗人刘商的笔下绝非偶然。

就日

新年瑞兆

乾隆二十六年的正月初一，京城到处一派喜气洋洋。

文武百官入京朝贺，市井百姓出门拜年。瞧，东单就日牌楼下热闹极了，来往行人络绎不绝。

如果往西北走，那是去皇城东安门、东华门的方向。胡同巷道车水马龙，一抬抬轿子在街上穿梭。在朝中任职的官员，今早多从这两个城门入宫朝贺。

如果往东南行，那是去观象台的方向。这一带虽不如皇城周围热闹，但也属于内城，房屋院舍鳞次栉（zhì）比，新年礼俗一样不少。

清代 徐扬 日月合璧五星联珠图（就日牌楼部分）

瞧，家家户户的门窗上贴着挂钱，五彩缤纷，随风摇曳。有的人家高挂灯笼，有的人家贴上春联，有的人家祭拜先祖，有的人家忙放鞭炮。

串门拜年是从下午开始的，那些早早吃过午饭的男子，已经在街上互相作揖恭贺了。清朝传统从初一到初五，由男子串门拜年；初五以后，女子才能串门拜年。所以，此时街上几乎见不到女子的身影。

咦，有一个人站在街道中央，正在仰望天空，他到底在看什么呢？

原来，此刻的天空将会发生一件大事！

市井百姓手指天空，奔走相告。有人不知道发生了什么，不禁停下脚步，侧耳倾听。瞧，那位耄耋（mào dié）老者也在抬头仰望呢。

一众人聚集在泡子河观象台下，他们抬头指向台顶，议论纷纷。难道这件大事与观象台有关？

泡子河观象台隶属于钦天监，禁卫森严，市井百姓根本进不去。

清代徐扬 日月合璧五星联珠图（观象台部分）

此时台顶上摆放着两件天文仪器：天体仪和玑（jī）衡抚辰仪。几位天文官上前观测，其中三位是西方传教士。这并不是什么稀奇的事情，连钦天监的监正刘松龄也是西方传教士呢，玑衡抚辰仪正是在他的带领下制造完成的。

此刻，日月运行到天空中的同一方向。原来，这就是“日月合璧”。更为罕见的是，今天午初一刻，金木水火土五星齐聚太阳两侧，连成一线，这就是大名鼎鼎的“五星联珠”。只是白天阳光太过耀眼，肉眼无法看见，所以天文官们才使用天文仪器来测算它们的位置。

新年伊始，恰逢日月合璧，五星联珠。这真是百年不遇的瑞兆啊！

清代七曜联珠示意图

金星

土星

火星

木星

名画记 新年天文瑞象

“日月合璧，五星联珠”，被我国古人视为国之祥瑞征兆。日月合璧是说太阳和月亮运行到一处。这并没有什么神奇的，农历每月初一都是如此。五星联珠是指金木水火土五大行星在天空中出现在同一方向上连成一线，这种情景相对罕见，但平均每几十年也会发生一次。在清乾隆二十六年正月初一午初一刻（1761 年 2 月 5 日上午 11 时 15 分），木火土金四星联珠位于太阳一侧，水星位于太阳的另一侧。这样七曜都在一个方向上聚齐了，又恰逢新年，算是一个百年不遇的巧合。

对于能够准确计算行星轨道的钦天监天文官员来说，这本没有深意，不过就在前一年，乾隆皇帝终于平定了准噶尔部与回部，结束了历经康熙、雍正、乾隆三朝的西北边患。这之后的第一个新年，想必他的心情格外轻松。于是，以西方传教士主导的钦天监以此事取悦皇帝，可谓入乡随俗。乾隆皇帝明知是阿谀奉承，仍“宣谕中外”。

于是，宫廷画家徐扬根据这次事件，创作了《日月合璧五星联珠图》。这幅画总长近 13.5 米，从北京内城城墙、泡子河观象台附近画起，经东单牌楼，到皇城东安门、东华门结束。它不仅描绘了市井百姓经历这次事件的场景，还描绘了清代的各种新年习俗，同时也展现了北京城的繁华富庶。这里选取了泡子河观象台附近的画面，其实除了太阳之外，其他天体在那天均不可见，画上的月亮也只是为了示意而已。

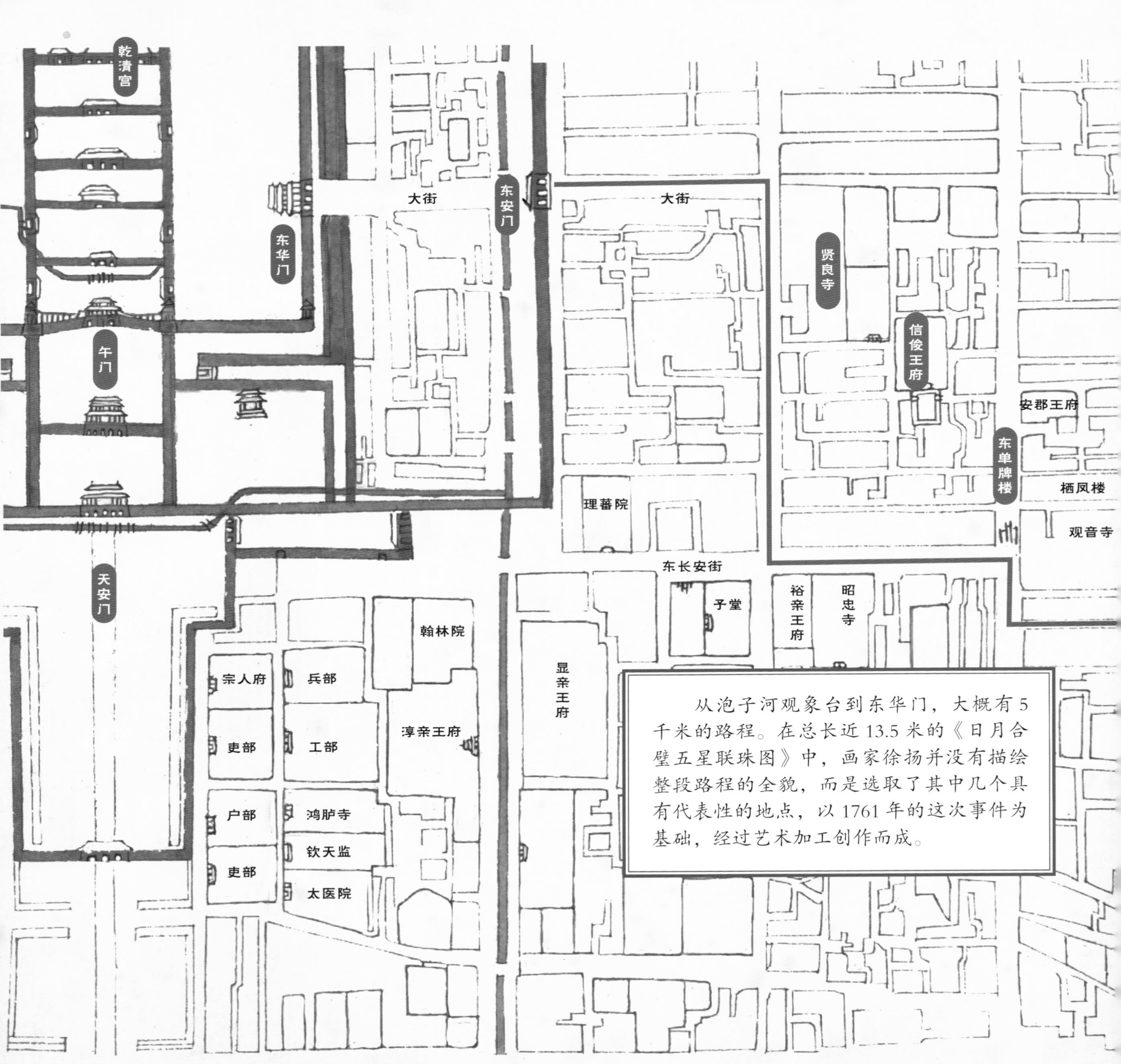

从泡子河观象台到东华门，大概有5千米的路程。在总长近13.5米的《日月合璧五星联珠图》中，画家徐扬并没有描绘整段路程的全貌，而是选取了其中几个具有代表性的地点，以1761年的这次事件为基础，经过艺术加工创作而成。

清代京城简图（从泡子河观象台到东华门）

天文志 泡子河观象台

泡子河观象台建于 1442 年，因在泡子河畔而得名，是明清两朝的皇家天文台。这座建筑一直保存至今，就是今天北京建国门立交桥西南侧的古观象台。

在这次事件发生时，负责钦天监事务的是耶稣会士、斯洛文尼亚人刘松龄（1703—1774），观象台隶属于钦天监。刘松龄在 1739 年到达北京，1746 年继任监正一职，是第 8 位担任监正的西方人。当时观象台上共有 8 件大型铜铸天文仪器，这里只绘制了其中两件：天体仪和玑衡抚辰仪。

天体仪，古称浑象，它是个标有全天亮星的大球，可以用来计算天体位置及对应时刻。而玑衡抚辰仪的作用与之相反，是用来测量星体实际座标的仪器。它主要由三个内外相套的圆环组成，将中央的窥管对准目标天体之后，可以从圆环上读出座标。这件仪器正是刘松龄在 1754 年主持制造完成的，设计者是前任监正、耶稣会士戴进贤。

清代 金农 月华图 故宫博物院藏

月亮光光*

月亮光光，
流向四方，
撞上薄云，
七彩荡漾。

月亮光光，
谁在中央？
圆圆玉盘，
影子可凉？

* 根据童谣《月亮光光》改写，原文是：月亮光光，装满箩筐。抬进屋去，全部漏光。

清代 金农 梅花图 大都会艺术博物馆藏

1757年，在学生罗聘家中做客时，金农创作了这幅《梅花图》，其中月亮仅为点缀。除了梅花，他还酷爱汉隶魏碑。汉隶指汉代隶书，魏碑是北朝文字刻石的通称。在两者的基础上，金农自创了漆书，这种字体用毛笔写在纸上，却能得刻石之妙。画上题字就是他的漆书。

元代壁画月轮图

唐代桂树嫦娥纹铜镜

名画记 月亮和画家

自古以来，月亮就是艺术创作的热门素材。诗人们喜欢歌颂它，画家们喜欢描绘它。不过，它总是被用作场景的点缀。而清代金农却别出心裁，第一次让月亮当起了主角：这幅《月华图》有一米多高，上面只画了一轮满月，向周围放射出彩色光芒。他跳出传统思维，以写实的手法直接描绘月轮的皎洁、明亮，展现出非凡的观察力和创造力。

清代中期，扬州八怪以怪诞、大胆的画风著称。作为扬州八怪之首，金农的一生充满传奇色彩。他30多岁才开始尝试绘画，确定风格是在50岁以后，最终成为一代书画家。在第三任夫人孟娟离世后，金农于1756年独自移居扬州西方寺，每日参禅、写经、作画，直到离世。这生命中的最后7年，成为他创作的爆发期。

从右下角金农签名（见第66页图）可知，《月华图》是送给好友张墅桐的：

月华图，画寄墅桐先生清赏。七十五叟金农。

这一年是1761年，当时金农已经75岁高龄了，却创作出一生之中最为奇特的作品。一向喜欢在画上题诗寄语的金农，此刻却在画中留白。我们仿佛看到他在寺院中独对美景，无人同赏的寥寂。我国古人对于月亮的想象历史悠久，除了著名的嫦娥奔月的神话故事，唐代铜镜、元代壁画上都可以看到玉兔捣药的画面。而在这幅《月华图》中，画家金农用淡淡水墨描绘月面阴影，依稀可见桂树下玉兔捣药，介于似与不似之间，令人浮想联翩。

天文志 月华

古人常以月华来指代月亮或明亮的月光。南北朝萧绎“月华似璧星如佩，流影澄明玉堂内”、宋代魏了翁“未忍作离语，留待月华圆”，这里的月华是月亮。唐代齐己“云无空碧在，天静月华流”、宋代范仲淹“年年今夜，月华如练，长是人千里”，这里的月华则是月光。

如今，月华通常指的是月亮周围的内蓝外红的虹彩。不过因为月光柔和，月华的颜色通常并不明显。这种大气现象源自低空薄云中的小水滴对月光的衍射。水滴越小，月华的范围就越大。如果你在寒冷的月夜对着玻璃或眼镜片呵气，就可以透过它们看到“人造”月华。与真实的月华照片对照，不难看出金农这张画作其实是相当写实的。

清代 金廷标 长至添线图 台北故宫博物院藏

长至添线

冬日已然来临，蜡梅幽香阵阵。南天竹果实累累，棕榈翠绿依然。河水尚未完全结冰，岸边泛起点点涟漪。

只见三名女子身着厚衣，头戴抹额。中间的主人抱膝而立，向下观望；两名侍女手执长线，蹲在地上。正午阳光和煦，挺拔的假山投下一道影子，她们正在测量它的长度。

在堂堂的大清宫廷，测量物体影子长度的专业工具，可谓

蜡梅

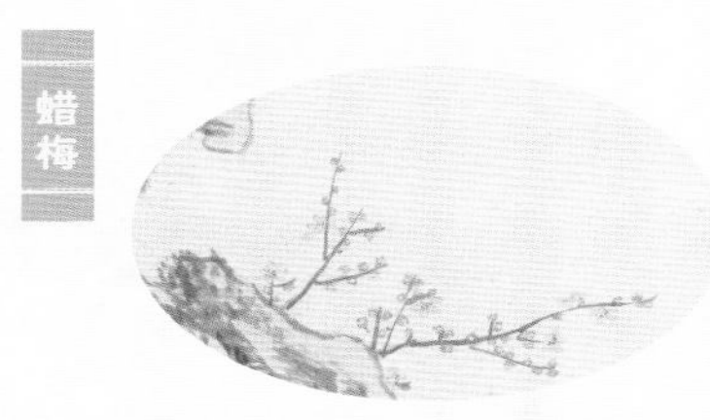

长线

测量影子的工具

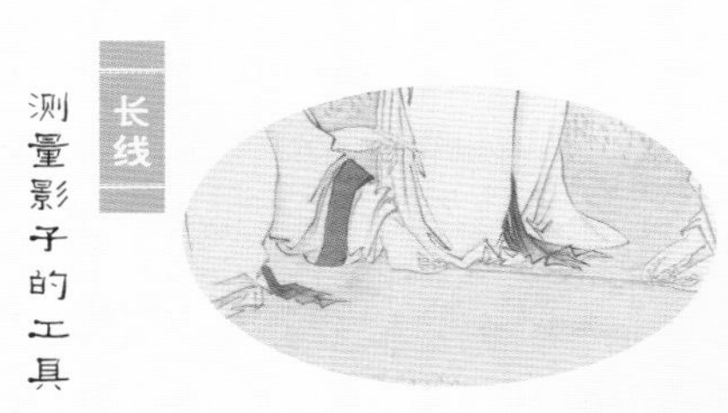

一应俱全。但三位女子并没有使用，而是自有妙招。她们随手拿起身边的小物件：一根长线，用它确认冬至的到来。

在这天的正午，物体的影子是一年当中最长的。瞧，侍女们手中的长线，和去年一样，增加到最长了。那今天就是冬至了！

冬至大如年。在一年当中，这是白天最短、夜晚最长的一天。过了今天，白天就会一天比一天长了。这么重要的日子，三名女子必须测量确认，然后按照传统习俗，准备隆重的庆祝活动。

棕榈

常绿乔木

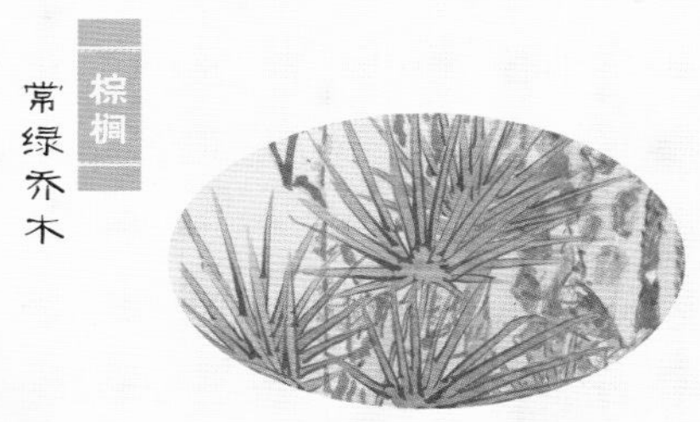

南天竹

常绿小灌木

名画记

测日影，增一线

长至即冬至。这时如果立竿在地面，用线来测量日影，正午日影为一年最长，自有添线的必要。另外，冬至过后，白天渐长，女子们从事女红的时间增加，也称为添线。

这幅《长至添线图》是难得一见的以冬至为题材的作品，只不过测量对象为假山的影子而不是立竿的影子。画面左下方有落款，金廷标是宫廷画家，生活在乾隆时期，他以绘画记录了发生在宫廷庭院的一幕。三名女子手执长线，测量日影；左侧是假山，远景的流水环绕至前景；蜡梅、天南竹为冬季象征，与耐寒的棕榈一并点缀了素净的画面。冬至悠然和乐的气氛跃然纸上。

冬至是一个重要的日子。它与元旦、万寿并称为清代宫廷三大节，民间更是有“冬至大如年”的说法。1766 年，乾隆皇帝在画面上方御题诗一首：“香阁权抛绣幀忙，徘徊曲院不妨凉。别开生面观曦影，也觉量增一线长。”

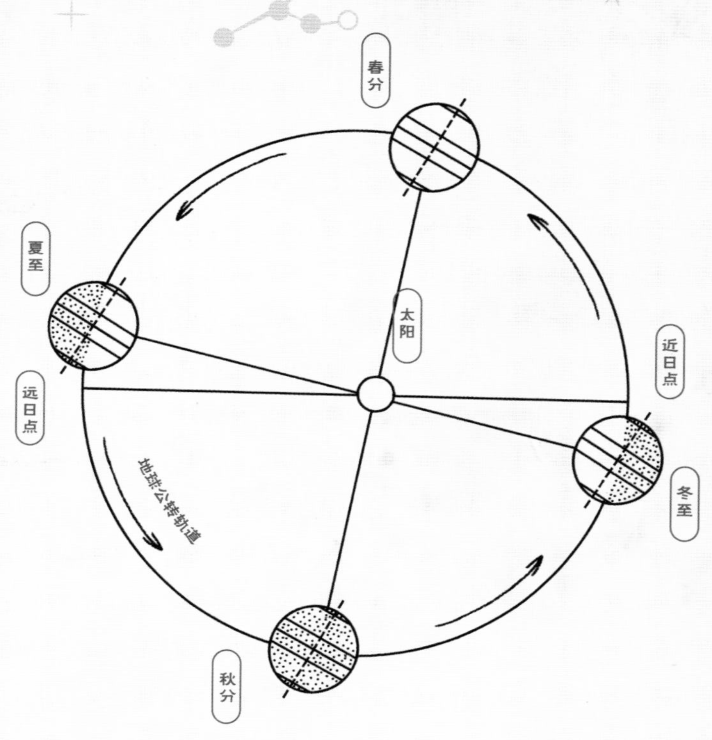

两分两至示意图

在清代孙家鼐等人编写的插图版《尚书》——《钦定书经图说》中，也有关于至日测影的场景。这张“夏至致日图”为其中的插图，两个男子正在观察表杆在正午时分的影子长度，以此确认夏至的到来。

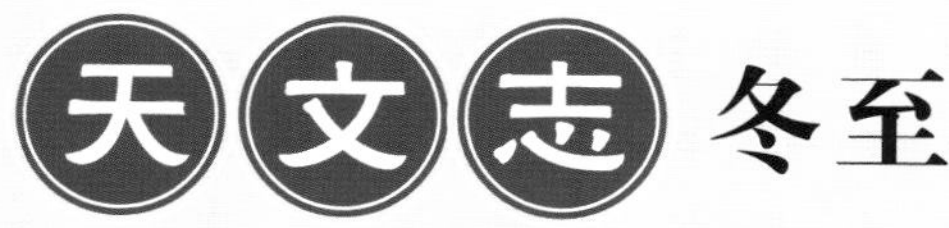

冬至

冬至是北半球白天最短、夜晚最长的一天。在这一天，地球接近轨道近日点。虽然此时地球到太阳的距离比夏天时要近一些，不过太阳直射南回归线，热量都集中在南半球，对于北半球高纬地区来说，阳光斜射的角度大，日影长，能量也因此分散在很大的面积上，于是天寒地冻。

由于地球赤道和公转轨道黄道之间有约 23 度的夹角，这导致地球在围绕太阳公转的过程中，太阳直射点在地球南北回归线之间周期性地移动。地面上看到的太阳正午高度也随之变化。在春分和秋分时，太阳直射赤道，地球各处昼夜等长；在夏至时，太阳直射北回归线，北半球昼最长、夜最短；而冬至时，太阳直射南回归线，北半球昼最短、夜最长。

清代 汪承霈 九州如意图 故宫博物院藏

九州如意

这里的案头上摆放了几样物件，样样精美。一个浑仪，它是测量天体坐标的仪器，此刻代表浑天寰（huán）宇，指代世间九州。请记住：九州（1）。

一柄铜如意，寓意吉祥，如人所愿，铜的谐音是同（3），它上面挂着一条卍（wàn）字结系带，卍的谐音是万。一件鋈（wù）器，在古代，凡是镀金、银或铜的器物均叫作鋈器。鋈的谐音是物。请记住：如意（4）、万物（2）。

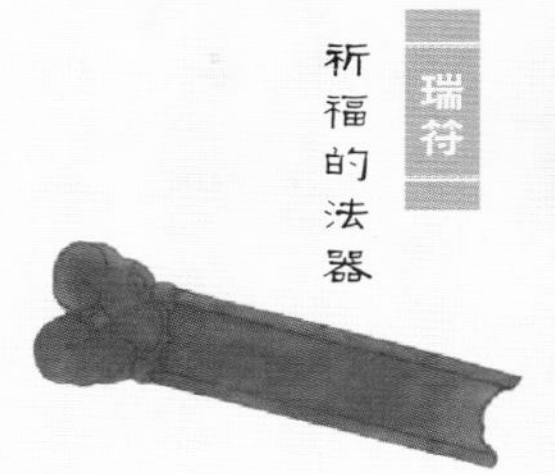

一只青釉八卦瓶，上面露出四卦：坎、乾、兑、坤，指代数字四。瓶内插上两枝月季，季的谐音是极。请记住：四极（5）。

一只红釉圆瓶，圆的谐音是元。从上到下，瓶身绘有如意纹、珍珠纹、璎珞纹、宝相纹，吉祥纹饰错落有致，寓意瑞福不尽。瓶内插上四枝贡菊，贡的谐音是功。请记住：元功（6），指大功绩。

一个拨浪鼓，拨的谐音是播（7）。

一件瑞符（8），祈福免灾的法器。

好了，请从（1）到（8）连起来读一读。原来，这竟是乾隆皇帝的两句诗，也是美好的祝愿：

九州万物同如意，四极元功播瑞符。

明代浑仪 南京紫金山天文台

名画记 吉祥画（话）

这是一幅清供图。岁朝清供图起源于唐代，到清代中后期特别流行。岁朝指新年之始，把和新年相关的节令物件入画，叫作岁朝图。清供指古器物、书画、盆景、蔬果、花卉等清雅且可玩赏之物；以清供入画，叫作清供图。岁朝清供图是一种寓意吉祥的绘画类型。

画家汪承霈（pèi）是清代大臣，选取当时清宫流行的摆件、珍玩入画。红釉圆瓶以霁红釉烧成、满金装饰，极具皇家风范。铜如意在云头、柄身和柄尾镶嵌珠宝玉石，非常华贵。浑仪是测量天体位置的仪器。

这些物件或巧取吉祥谐音，或有象征意义，连起来读便是一句吉祥话，也就是乾隆皇帝在画面上方的题字：九州万物同如意，四极元功播瑞符。实际上，这句吉祥话是集句，取自乾隆皇帝分别于 1766 年和 1769 年创作的两首诗。

天文志 浑仪

浑仪摆件

浑仪是测量天体位置的仪器，它的名字来自我国古代的宇宙理论——浑天说。在这种理论中，地球像蛋黄一样位于宇宙中心，星辰像蛋壳一样包在外面，并无休止地运转，所以叫作浑天。整个仪器分为三层，外层叫六合仪，代表上下四方天地，中层叫三辰仪，对应日月地三星轨道，内层叫四游仪，用于测定星位。

我们今天能看到的古代浑仪实物是一个高达 3 米，重达 10 吨的国之重器，于明代铸造。乾隆时期放置于泡子河观象台（现北京建国门古观象台）紫微殿前，抗日战争时期迁至南京，现陈列在南京紫金山天文台，北京古观象台有等大复制品。历代浑仪设计大同小异，细节略有不同。这幅画中的浑仪沿袭北宋《新仪象法要》中的设计。它尺寸不大，是专供宫内赏玩的摆件，画家在这里用它代表天下九州。

外使来访

公元 1793 年 8 月，一个庞大的使团抵达北京，浩浩荡荡地在街道上行进。

这是英王乔治三世派遣的使团。1788 年，英王任命卡斯卡特上校为公使前来中国，只是他中途染病去世，只能半道折回。而这次马戛尔尼勋爵率领的使团顺利抵达，成为第一个成功来访的英国使团。

使团人数众多，前不见头，后不见尾。他们长途跋涉而来，带来了许多珍贵的礼物，有抬着的，有抱着的，有车拉着的，声势惊人。远处皇城隐约可见，华表矗立在天安门前。不过，他们落脚的地点并非皇宫，而是西北郊的圆明园。

这些礼物大都被小心翼翼地包裹起来，无法看到它们的“庐山真面目”。露在外面的只有两件天文仪器：一件是天体仪，由青铜铸造，至少也有两三吨重，需要二十多人才能抬起这件庞然大物。另一件是三辰仪，也是青铜铸造，看上去要小巧许多。

乾隆皇帝八十三岁生日快到了，英王特意吩咐使团送来礼品、献上祝福。皇帝龙心大悦，也许就会同意与他们开展商业谈判了呢！

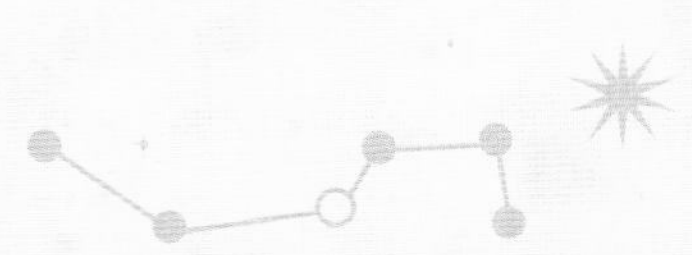

清代挂毯 马戛尔尼使团进贡天文仪器 英国国家海事博物馆藏

1793年9月14日，乾隆皇帝在避暑山庄接见马戛尔尼使团。威廉·亚历山大是使团随行画家，并未参加接见。这幅画是他根据亲历人员的口述和绘图再创作而成，其中坐在中央的是乾隆皇帝，3是正使马戛尔尼勋爵，7是副使斯当东爵士，11是他的儿子小斯当东，年仅13岁。

乾隆皇帝接见马戛尔尼使团图

马戛尔尼使团来华

1792 年，英王乔治三世以给乾隆祝寿为名，派马戛尔尼勋爵率领近 700 人的庞大使团，航海近一年，于翌年 9 月 14 日在热河觐见了乾隆。此时乾隆正在热河避暑山庄度假，准备庆贺他的 83 岁生日（农历八月十三）。

使团携带了 590 余件礼品，希望能够充分展示英国的物产和技术实力，从而打开中国这个巨大的市场。而在清政府眼里，英国就是前来朝贡的众多国家之一，朝贡礼仪完毕事情也就结束了。双方根本不可能进行商业谈判，最终使团无功而返。其中，随行的小斯当东后来成为鸦片战争的推动者之一。

这幅挂毯制作于 1793 年使团抵达北京以前，右上方是乾隆为此次事件写的诗《红毛英吉利国王差使臣马戛尔尼奉表贡至，诗以志事》。实际上，使团在 8 月 16 日到了通州离船登岸，清政府安排人员接待，食宿车马俱全。使团在 8 月 21 日乘坐车马前往圆明园，当天下午抵达，所带礼品在前一天装入车辆先行。也就是说，挂毯上面使团步行抬送礼品的场面根本不可能出现！这幅挂毯多半是清政府指派匠人用缂（kè）丝精心编织，以宣扬万国来朝的大清盛世。

英王查理一世画像（1629年）

天文志 并不是实际情形

事实上挂毯上面的人物装束以及所带礼品也并非实际情形。使团来访是受英王乔治三世的派遣；那时已经是 18 世纪末期了，不可能像挂毯那样身穿 17 世纪的装束。在各式礼品中，露出真容的只有两件天文仪器：天文仪和三辰仪，但它们并非使团所送，而是在使团抵达北京以前，匠人比照清代《皇朝礼器图式》中的插画编织在挂毯中的(第 86~87 页)。

事实上，在使团所带来的礼品中，最引人注目，同时也是被给予厚望的，正是一台当时欧洲最先进的仪器——由德国机械师菲利普·马特乌斯·哈恩制作的“世界仪”。它能够显示任意时刻的行星位置和天象。不过在乾隆看来，使团带来的这些礼品并没有比宫中现有的珍玩高明许多。毕竟，自康熙以来，历任皇帝对西洋仪器的采办和仿制从没有停止过。

使团礼物·世界仪

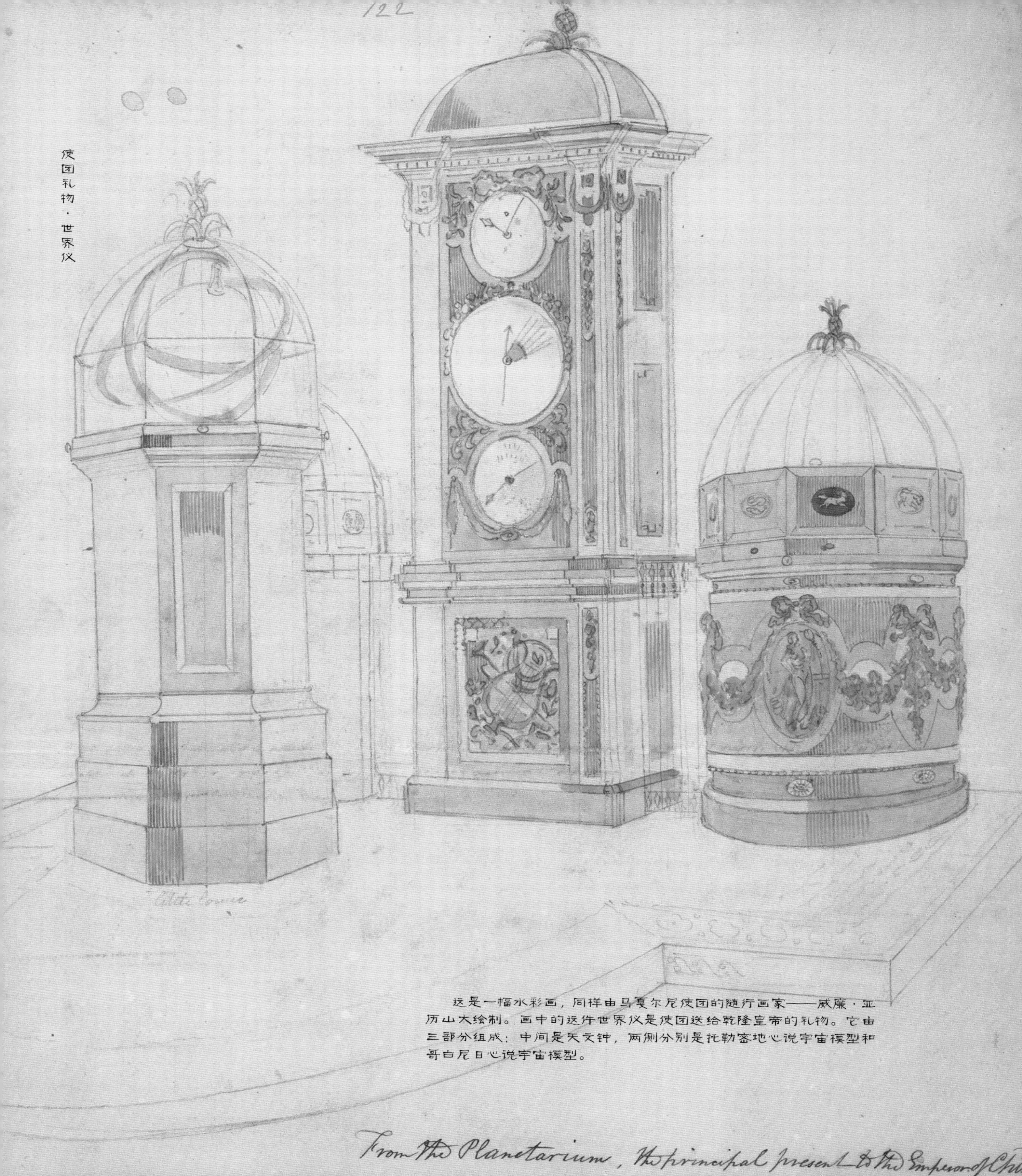

这是一幅水彩画，同样由马戛尔尼使团的随行画家——威廉·亚历山大绘制。画中的这件世界仪是使团送给乾隆皇帝的礼物。它由三部分组成：中间是天文钟，两侧分别是托勒密地心说宇宙模型和哥白尼日心说宇宙模型。

三辰仪·测量天体位置的仪器

清代《皇朝礼器图式》中的天体仪

清代《皇朝礼器图式》中的三辰仪

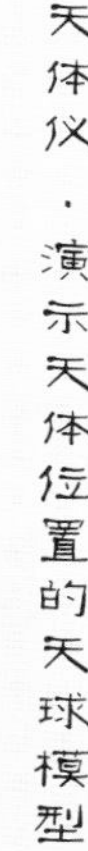

天体仪·演示天体位置的天球模型

在我国古代，天文仪器不仅是“科学仪器”，还是“皇家礼器”，不允许民间私藏。《皇朝礼器图式》是一套关于清代礼仪器物的图说，其中绘有天体仪和三辰仪。这件挂毯中的两件天文仪器，是匠人比照它们编织而成的。

清代 佚名 升平乐事图册之魁星 台北故宫博物院

元宵乐事

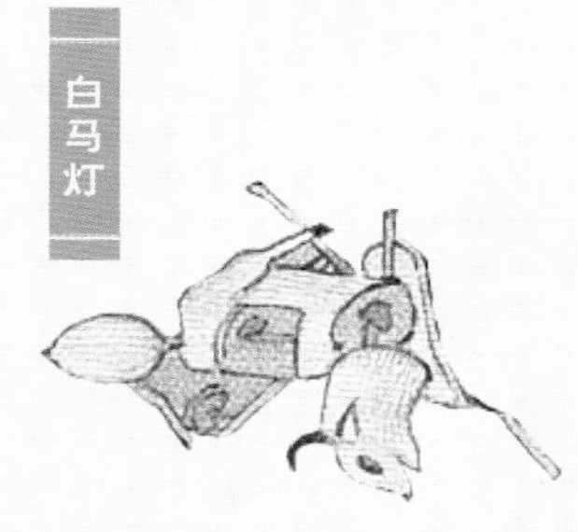
白马灯

围墙翠竹流水，月门曲径通幽。这是清宫园林的一角，看上去格外热闹，因为元宵佳节到来了。

瞧，几个孩童正在水榭玩耍，其中两个把白马灯扔到地上，用脚踢到一旁。哥哥使劲儿推开弟弟，伸手去抢姐姐手里的灯笼。弟弟呢，抓住他的总角说："快给我！快给我！"

小姐姐笑眯眯地看着弟弟们调皮、打闹。她的灯笼确实挺特别，造型是魁星点斗。这个蓝脸赤发的是魁星神。他手持朱笔，一脚踏鳌鱼，一脚踢木斗。瞧，用来装书的木斗正挂在上面呢！

魁星点斗灯

鳌鱼

海中神兽

俗话说：魁星点斗，独占鳌头。相传它象征科举高中，金榜题名。今天是元宵节，各式灯笼齐亮相，当然少不得它来讨个好彩头。弟弟们争着抢这个灯笼，旁边的两位姐姐看着他们，仿佛在说："到底该给谁呢？"

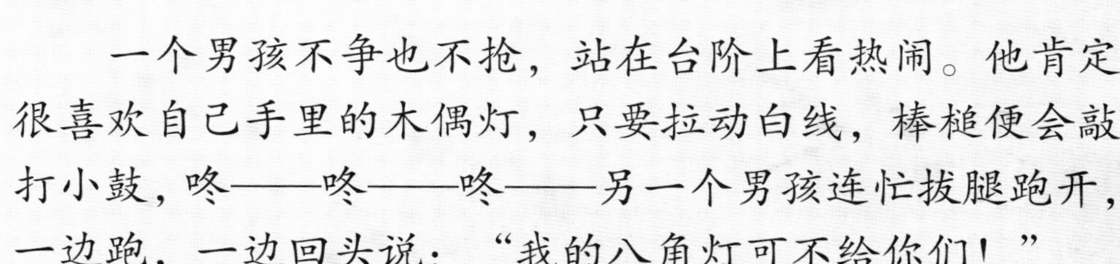
一个男孩不争也不抢，站在台阶上看热闹。他肯定很喜欢自己手里的木偶灯，只要拉动白线，棒槌便会敲打小鼓，咚——咚——咚——另一个男孩连忙拔腿跑开，一边跑，一边回头说："我的八角灯可不给你们！"

木偶灯

简化的奎宿
星点连线大致组成的形状

名画记 元宵婴戏图

儿童题材绘画在我国有着悠久的历史。它萌芽于战国，成熟于唐代，盛行于宋代，沿袭至明清。这些表现儿童生活的绘画，被称作婴戏图、货郎图或者牧放图。《升平乐事图》便属于婴戏图，升平指太平。它是一套图册，共 12 幅，由清代宫廷画家创作，画家姓名如今已经不得而知了。婴戏图描绘的是儿童游戏的场景，这套图册当然也不例外，不过它特意将时间设定在元宵节，因此儿童游戏的玩具中多了各式灯笼。

这幅画是《升平乐事图》其中之一，画中有白马灯和魁星点斗灯。作为焦点的魁星点斗，寓意科举高中、金榜题名。此类图常见于民间工艺品，反映了人们对文运亨通的祈求和向往。所以，这幅画不仅是儿童题材作品，而且也是寄托新春美好祝福的吉祥画。

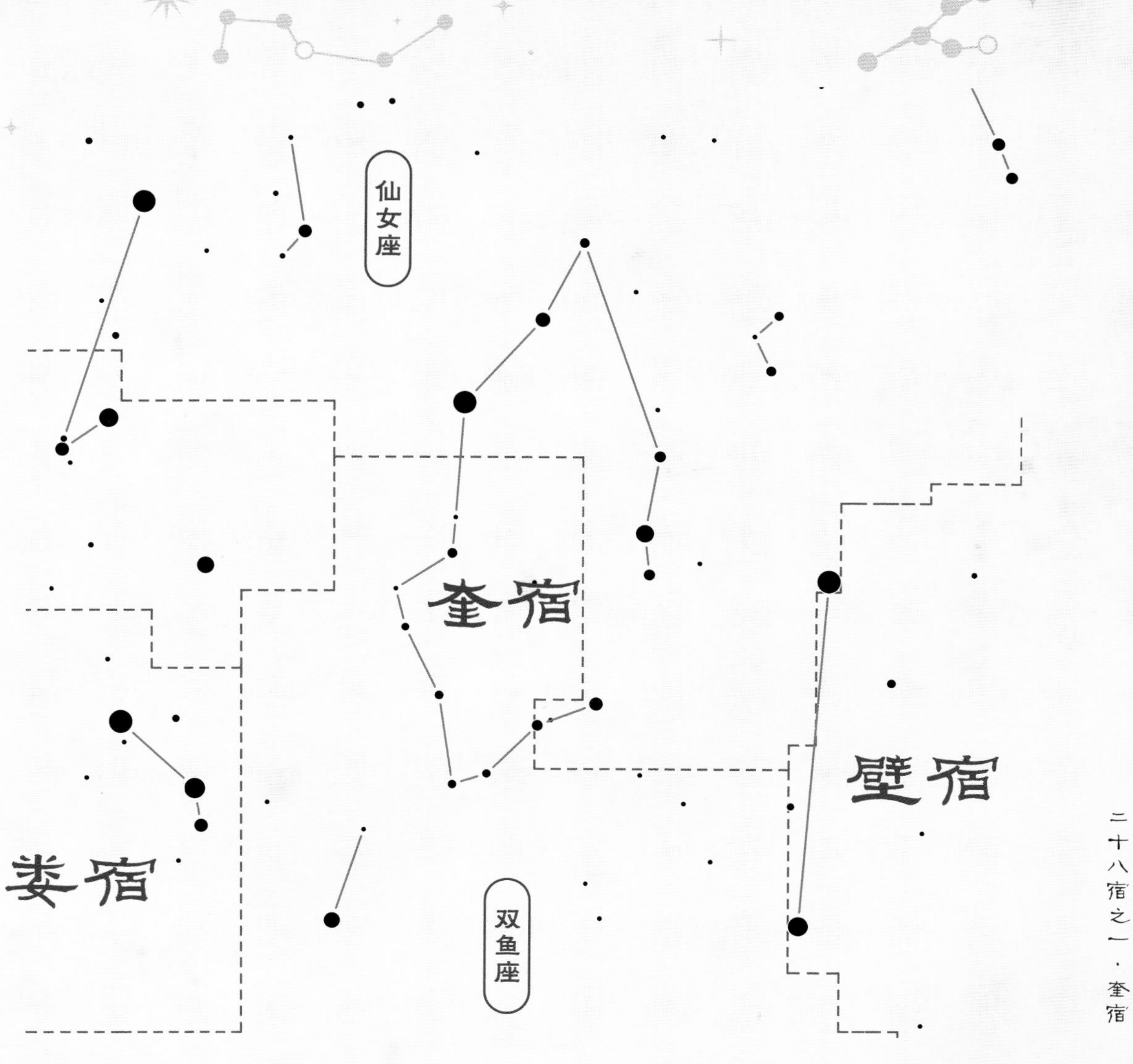

天文志 奎宿与魁星

清代学者顾炎武《日知录》卷三十二提到："今人所奉魁星，不知始自何年，以奎（kuí）为文之府，故立庙祀之。乃不能像奎，而改奎为魁。又不能像魁，而取之字形，为鬼举足而起其斗。"

二十八宿中的奎宿因其形状曲折，仿佛文字笔画，而被认为是主宰文运的星官。宋代时科举榜首被称为魁，是世人欣羡的对象。民间便从谐音的魁奎二字杜撰出魁星来讨彩头。为方便传播，人们将魁字拆为"鬼踢斗"的形象。通常是一个蓝面赤发的魁星神，手持毛笔，脚钩斗具，站在鳌鱼头上，对应"魁星点斗，独占鳌头"的寓意。这幅画中围绕魁星神的星点大致组成奎宿的形状，保留着这个民间形象的星宿起源。虽然魁星从来不是祭祀的正神，但借助科举的影响力而在民间广泛流传。

辽远的星空经过想象力的加工，逐渐化作我们可以熟悉、亲近的形象，进而成为民间传说、民族信仰，最终融入我们的文化和生活。虽然许多风俗与传统在历经久远的世代之后被废弃遗忘，但我们仍能以星点为钥，在传世的艺术作品中读出尘封的记忆，揣摩古人的经历与情感，领略我们传统文化中的真与美。

参考文献

专著

[1] 陈锽 . 超越生命 : 中国古代帛画综论（上下）[M]. 杭州：中国美术学院出版社，2012.

[2] 冯时 . 中国天文考古学 [M]. 北京：中国社会科学出版社，2010.

[3] 故宫博物院 . 万紫千红 : 中国古代花木题材文物特展 [M]. 北京：故宫出版社，2019.

[4] 黄雅峰 . 南阳麒麟岗汉画像石墓 [M]. 西安：三秦出版社，2008.

[5] 陕西考古研究所，西安交通大学 . 西安交通大学西汉壁画墓 [M]. 西安：西安交通大学出版社，1991.

[6] 谭刚毅 . 两宋时期的中国民居与居住形态 [M]. 南京：东南大学出版社，2008.

[7] 畏冬 . 中国古代儿童题材绘画 [M]. 北京：紫禁城出版社，1988.

[8] 徐光冀 . 中国出土壁画全集：陕西上 [M]. 北京：科学出版社，2012.

[9] 俞剑华 . 中国美术家人名辞典 [M]. 上海：上海人民美术出版社，1981.

[10] 朱相军，张朝杰，张守东 . 嘉祥汉画像石中的神话故事 [M]. [出版地不详]：科学文化艺术出版社，2005.

[11] [美] 巫鸿 . 武梁祠 [M]. 柳扬，岑河，译 . 北京：生活·读书·新知三联书店，2006.

[12] [英] 马戛尔尼 . 一七九三乾隆英使觐见记 [M]. 刘半农，译 . 天津：天津人民出版社，2006.

[13] 王孝廉 . 牛郎织女的传说 [M]// 王孝廉 . 中国的神话世界 . 北京：作家出版社，1991.

[14] 闻一多 . 伏羲考 [M]// 闻一多 . 神话与诗 . 上海：上海人民出版社，2006.

期刊 / 论文集 / 画册

[1] 常修铭 . 认识中国·马戛尔尼使节团的“科学调查”[J]. 中华文史论丛，2009（2）.

[2] 单国强 . 周文矩《重屏会棋图》卷 [J]. 文物，1980（1）.

[3] 冯军 . 耶稣会士刘松龄与清宫仪器制造 [J]. 黑龙江史志，2013（3）.

[4] 郭福祥 . 马戛尔尼使团送乾隆英国科技文物的近代史意义 [J]. 中国国家博物馆馆刊，2019（2）.

[5] 黄小峰 . 谜一样的月亮——读金农《月华图》[J]. 中华遗产，2011（9）.

[6] 橘玄雅 . 旗人岁事 [J]. 紫禁城，2019（1）.

[7] 刘芳如 . 清金廷标长至添线 .// 台北故宫博物院编辑委员会 . 仕女画之美 . 台北：台北故宫博物院，1988.

[8] 刘思桐 . 如意呈吉庆 缀英胜天然 清宫年节陈设中的如意与工艺盆景 [J]. 紫禁城，2019（1）.

[9] 孟嗣徽 .《五星及廿八宿神形图》图像考辨 [J]. 艺术史研究，2000（2）.

[10] 陕西省考古研究院，靖边县文物管理办 . 陕西靖边县杨桥畔渠树壕东汉壁画墓发掘简报 [J]. 考古与文物，2017（2）.

[11] 沈从文 . 谈谈“文姬归汉图”[J]. 文物，1959（6）.

[12] 谭其骧 . 蔡文姬的生平及其作品 [J]. 学术月刊，1959（8）.

[13] 王煜 . 南阳麒麟岗汉画像石墓天象图及相关问题 [J]. 考古，2014（10）.

[14] 武家璧，段毅，田勇 . 陕西靖边渠树壕壁画天文图中的黄道、日月及其重要意义 [J]. 考古与文物，2019（2）.

[15] 余辉 . 关于《重屏会棋图》背后的政治博弈——兼析其艺术特性的补充 [J]. 故宫学刊，2016（12）.

[16] 余辉 . 古画深意——试析故宫博物院《石渠宝笈》特展中的三件名作 [J]. 荣宝斋，2016（4）.

[17] 张国刚 . 一带一路上的中西交流（二十）英国马戛尔尼使团 [J]. 文史知识，2019（8）.

[18] 张铜伟 . 浅析岁朝清供图 [J]. 艺术教育，2019（9）.

[19] 赵琰哲 . 吉星高照——以《日月合璧五星联珠图》为中心探讨乾隆朝祥瑞图像的绘制 [C]// 尹吉男 . 观看之道：王逊美术史论坛暨第一届中央美术学院博士后论坛文集 . 上海：上海书画出版社，2018.

[20] 庄蕙芷 . 得“意”忘“形”——汉代壁画中天象图的转换过程研究 [J]. 南艺学报，2014（8）.

[21]WILSON M. Gifts from Emperor Qianlong to King George III. Arts of Asia, 2017.

[22]SCHAFFER S. Instruments as Cargo in The China Trade .Hist. Sci. , 2006.

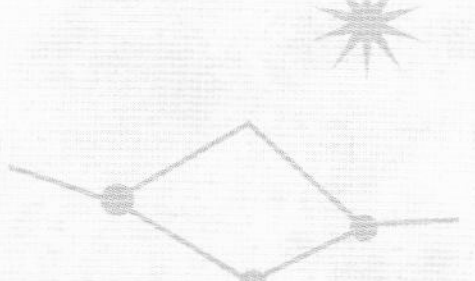

图版说明

本书由衷感谢以下名单中的人员提供图片使用权。本书名画（帛画、壁画、画像石、纸 / 绢本画）由以下名单中的机构收藏。

1. 西汉马王堆 T 形帛画，三块单层细绢拼接，通长 205 厘米 × 顶宽 92 厘米 × 末宽 47.7 厘米，湖南省博物馆藏。幻日（Solar Halos），由 Magnus Edbäck 于 2018 年 12 月 21 日拍摄。太阳黑子，由 NASA&ESA/SOHO 于 2003 年 10 月 28 日拍摄。月面（The Near Side of the Moon,）由 NASA/GSFC/Arizona State University 于 2017 年 10 月 5 日拍摄。星空（Wide-field view of the sky around a giant space blob），由 ESO and Digitized Sky Survey 2 于 2011 年 8 月 17 日拍摄。

2. 西汉壁画二十八宿星图，段卫摹本、张明惠摄影，本图片来自《中国出土壁画全集：陕西上》，科学出版社，2012 年（原件绘制在西汉墓室的主室顶部，现原地保存在西安交通大学，其中外圆南北径 268 厘米，内圆南北径 220 厘米，太阳直径 30 厘米，月亮直径 16.5 厘米，星直径 3.5~4.2 厘米）。罗盘针，站酷海洛 /Reservoir Dots 提供（全书同）。西汉壁画二十八宿星图徐刚摹本、四象二十八宿位置图，由徐刚绘制。

3. 新朝壁画星象图（局部），纵 68 厘米 × 横 105 厘米，陕西省考古研究院藏，2009 年出土于陕西省靖边县渠树壕汉墓；本图片来自《中国出土壁画全集：陕西上》，科学出版社，2012 年。汉代（公元前 100 年）牛女宿星图，由余恒绘制。

4. 东汉画像石天帝暨日月神图拓本，由王景荃提供，原件雕刻在河南省麒麟岗东汉石墓的前墓室顶部，整块画像石纵 130 厘米 × 横 380 厘米 × 厚 14 厘米，南阳市汉画馆藏。玄武拓本（龟蛇形象），来自《秦汉瓦当拓本集》（4 册），王懿荣藏印，早稻田大学藏。斗宿·北方玄武七宿之一，由余恒绘制。

5. 东汉画像石斗为帝车图拓本，哈佛大学图书馆藏，原件雕刻在山东省嘉祥县武氏祠前石室屋顶前坡西段画像石第四层，整块画像石纵 30 厘米 × 横 215 厘米，武氏墓群石刻博物馆藏。汉代（公元前 100 年）北天极星图 , 由余恒绘制；北斗七星与四季交替图，由万伟绘制。

6. 唐代伏羲女娲像，绢本设色，纵左 222.5 厘米 / 右 231 厘米同横上 115 厘米 / 下 94 厘米，故宫博物院藏。伏羲女娲像（3 幅），新疆吐鲁番高昌古城阿斯塔那墓出土，新疆维吾尔自治区博物馆藏。东汉画像石伏羲女娲像拓本，哈佛大学图书馆藏，原件雕刻在山东省嘉祥县武氏祠。日月、北斗七星与壁室毕参四宿，由赵静绘制。

7.（传）唐代梁令瓒五星二十八宿神形图（局部），绢本设色，整幅画纵 27.5 厘米同 489.7 厘米，大阪市立美术馆藏。十二星座，站酷海洛 /ieronim777 提供。二十八宿与黄道十二宫现代位置图，由余恒绘制。

8. 五代周文矩重屏会棋图，宋人摹本，绢本设色，纵 40.3 厘米 × 横 70.5 厘米，故宫博物院藏。北斗七星和北极星，根据余辉论文和余恒考证，由赵静绘制。南唐帝王世系表，由余恒和赵静绘制。

9. 南宋李唐文姬归汉图册观星，绢本设色，纵 50.3 厘米 × 横 25.9 厘米，台北故宫博物院藏。明代文姬归汉图卷观星，绢本设色，整幅画纵 29.2 厘米 × 横 1544.5 厘米，大都会艺术博物馆藏。北斗七星图，由余恒绘制。

10. 清代徐扬日月合璧五星联珠图卷（局部），纸本描金设色，纵 48.9 厘米 × 横 1342.6 厘米，台北故宫博物院藏。清代七曜联珠示意图，由余恒绘制。清代京城简图（从泡子河观象台到东华门），来自刊于 1861—1887 年间的北京全图，比例尺 1：15000。

11. 清代金农月华图轴，纸本设色，纵 116 厘米 × 横 54 厘米，故宫博物院藏。清代金农梅花图册，纸本水墨，纵 25.4 厘米 × 29.8 厘米，大都会艺术博物馆藏。元代壁画月轮图，来自福建省松溪祖墩乡元村元墓，2007 年出土，原址保存。唐代桂树嫦娥纹铜镜，中国国家博物馆藏，由余恒摄影。月华，由戴建峰摄影。

12. 清代金廷标长至添线图轴，纸本设色，纵 144.5 厘米 × 横 55.1 厘米，台北故宫博物院藏。两分两至示意图，由余恒和赵静绘制。夏至致日图，来自《钦定书经图说》卷一，清代孙家鼐、张百熙等纂辑，光绪三十一年，德国柏林国立图书馆藏。

13. 清代汪承霈九州如意图轴，纸本设色，纵 129.2 厘米 × 横 62 厘米，故宫博物院藏。明代浑仪，由余恒 2017 年拍摄于南京紫金山天文台。

14. 清代挂毯马戛尔尼使团进贡天文仪器，缂丝，纵 121.5 厘米 × 横 160 厘米 × 厚 4.8 厘米，英国国家海事博物馆藏。乾隆皇帝接见马戛尔尼使团图，由威廉 · 亚历山大（William Alexander）于 1793 年绘制，水彩，英国国家图书馆藏。英王查理一世，由荷兰 Daniël Mijtens 于 1629 年绘制，油画，纵 200.3 厘米 × 横 140.7 厘米，大都会艺术博物馆藏。世界仪（Weltmaschine），由威廉 · 亚历山大于 1793 年绘制，水彩，英国国家图书馆藏。三辰仪 / 天体仪，来自《皇朝礼器图式》卷三，清代允禄、蒋溥等纂修，己卯年，哈佛大学图书馆藏。

15. 清代升平乐事图册之魁星，纵 18.5 厘米 × 横 24.3 厘米，台北故宫博物院藏。二十八宿之一 · 奎宿，由余恒绘制。

图书在版编目（CIP）数据

画中有星空 ： 中国古画中的天文世界 / 余恒，和尚猫著. -- 北京 ： 人民邮电出版社，2022.6
ISBN 978-7-115-58428-1

Ⅰ. ①画… Ⅱ. ①余… ②和… Ⅲ. ①天文学史－中国－古代－青少年读物 Ⅳ. ①P1-092

中国版本图书馆CIP数据核字(2021)第273334号

内容提要

中国作为一个农耕国家，很早就发展出了系统性的天文理论来指导生产生活。悠久的中华文明不仅留下了连续不断的翔实天象记录，还在岩石、墙壁、丝绸、纸张等多种媒介上留下了许多珍贵的图像资料，这些图像资料生动地呈现了古人对宇宙的想象和认识。本书选取其中具有代表性的15幅作品进行讲解，从汉代到清代，时间跨度为2000多年，从历史、艺术、科学等多个角度，展现了中国古人的宇宙观和天文学成就，勾勒出中国古代天文知识的发展脉络。

书中对每幅美术作品分为三部分进行介绍：图像中的故事、名画记和天文志。此外，还配有50多幅天文照片、星空示意图，用来帮助不熟悉相关天文背景的读者理解相关知识点。本书适合青少年以及对天文、中国历史文化等感兴趣的成年人阅读。

出版策划：和尚猫文化
出版统筹：赵　静
编辑统筹：傅鸿雁　于　水
美术统筹：Lika
责编邮箱：wangzhaohui@ptpress.com.cn

♦ 著　　　余　恒 和尚猫
　责任编辑 王朝辉
　责任印制 陈　犇

♦ 人民邮电出版社出版发行　北京市丰台区成寿寺路11号
　邮编 100164　电子邮件 315@ptpress.com.cn
　网址 https://www.ptpress.com.cn
　北京瑞禾彩色印刷有限公司印刷

♦ 开本：889×1194　1/12
　印张：8.67　　　2022年6月第1版
　字数：156千字　　2024年11月北京第2次印刷

定价：169.00元

读者服务热线：(010)81055410 印装质量热线：(010)81055316
反盗版热线：(010)81055315
广告经营许可证：京东市监广登字20170147号